畜禽常见病防制技术图册丛书

蛋鸡常见病防制

技术图册

吴艳涛　主编

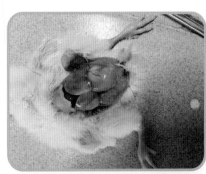

中国农业科学技术出版社

图书在版编目（CIP）数据

蛋鸡常见病防制技术图册 / 吴艳涛主编. — 北京：
中国农业科学技术出版社，2014.5
ISBN 978-7-5116-1590-9

Ⅰ. ①蛋… Ⅱ. ①吴… Ⅲ. ①卵用鸡－鸡病－防治
－图集 Ⅳ. ①S858.31-64

中国版本图书馆CIP数据核字(2014)第063144号

责任编辑　闫庆健　李冠桥
责任校对　贾晓红

出　版　者　中国农业科学技术出版社
　　　　　　北京市中关村南大街 12 号　邮编：100081
电　　　话　(010)82106632(编辑室)　　(010)82109702(发行部)
　　　　　　(010)82109703(读者服务部)
传　　　真　(010)82106625
网　　　址　http://www.castp.cn
经　销　者　各地新华书店
印　刷　者　北京科信印刷有限公司
开　　　本　787mm×1 092mm　1/16
印　　　张　8.5
字　　　数　191 千字
版　　　次　2014 年 5 月第 1 版　2014 年 5 月第 1 次印刷
定　　　价　36.00 元

编委会

　　近年来，我国蛋鸡产业发展迅速，养殖规模和产量已连续多年稳居世界第一。但是，由于多种生物安全等级的鸡场共存、防疫水平不一，蛋鸡疾病仍然时有发生，而且日趋复杂。目前，疾病问题已经成为我国蛋鸡产业持续发展的主要障碍。在国家蛋鸡产业技术体系的大力支持下，受中国农业科学技术出版社之邀，由扬州大学兽医学院多年从事禽病临床诊断、教学和科研的多位老师合作编著了这本《蛋鸡常见病防制技术图册》，目的在于为从事蛋鸡生产的兽医防疫人员、兽医临床工作者及管理人员提供实用参考书和培训教材。

　　本书汇集了国内外蛋鸡疾病防制的新技术，在内容编排、图片设计以及整个章节的有机联系方面作了创新。全书分为7章，前3章介绍蛋鸡疾病诊断、防控的一般方法与措施；后4章选择32种常见的细菌性疾病、病毒性疾病、寄生虫疾病、营养代谢疾病和中毒性疾病，介绍各种疾病的具体症状、病变、诊断方法、预防与控制措施。全书配有彩色图片200多幅，图文并茂、直观、形象，提高了本书的可读性和实用性。

　　本书的编写分工如下。吴艳涛负责第一章、第二章、第三章和第五章第二节至六节的编写，同时负责全书统稿、审校和完善；陈素娟负责第四章第一节的编写；张

前言 ——————Preface——————

　　小荣负责第四章第二节、第三节和第五章第十一节至十四节的编写；彭大新负责第四章第四节至七节的编写；王晓泉、顾敏负责第五章第一节的编写；王小波负责第五章第七节至十一节的编写；陶建平负责第六章的编写；王彦红负责第七章的编写。

　　由于我们的水平和时间所限，难免书中存在不足乃至错误之处，恳请广大读者批评指正。

编者

2014 年 3 月

Contents 目录

目录 **Contents**

第一章 蛋鸡场的生物安全

蛋鸡疾病的发生和流行需要传染源、传播途径和易感动物3个基本环节。传染源是指有病原体寄居、生长、繁殖和排出的动物机体，包括患病动物和病原携带者。病原体进入鸡群并传播的途径多种多样，而其载体往往是出入鸡场的人员、动物、物品和运输工具。防止疾病发生的关键是将病原体排除在鸡群之外，即生物安全。生物安全涉及饲养管理的各个环节，基本要素是鸡群的封闭、消毒、人流和物流控制，是综合性防控疾病的体系。

第一节 蛋鸡场的防疫设施

一、场址选择

蛋鸡场的选址要远离居民区、畜禽养殖场、屠宰场、农贸市场、活禽交易市场、垃圾物转运站和交通要道，直线距离不少于500米。养鸡场应位于地势较高和上述场地的上风处，还应有充足和卫生的水源。养鸡场周围应有隔离缓冲区，有明显的围墙、栅栏或边界（图1-1，图1-2）。

图1-1 某蛋鸡场规划平面图

图 1-2　规模化蛋鸡养殖场

二、功能区的设定

1. 场区大门

蛋鸡场主大门入口处应有不小于大门宽度的车辆消毒池，有效长度不低于6米，有效深度不低于 0.15 米。车辆消毒池边上应有人员进出的消毒池，宽度不小于门宽，深度不低于 0.1 米（图 1-3）。蛋鸡场按生活区、办公区、生产区和隔离区等功能分区布置，各功能区间距宜在 50 米以上，并有界限明显的隔离设施和标识。生产区是生物安全的核心区域。应严格控制蛋鸡场的进出，特别要把关好生产区的进出。

图 1-3　车辆消毒池

2. 生产区

生产区应置于较高的地面，利用地势帮助排污，以减少污水的滞留；场区地面和道路应硬化，便于清洁、消毒和排水通畅（图1-4）。生产区中育雏、育成和蛋鸡舍应分区隔离，合理布置鸡舍的位置、朝向，生产区的净道和脏道要分离（图1-5）；在生产区或鸡舍的进出口应有缓冲区。在各栋鸡舍入口处设有脚消毒池和手消毒盆。脚消毒池长宽不少于0.6米，有效深度不低于脚面。鸡舍有防鸟或阻止野生动物进入的设计，如安装防鸟网或防鼠板。规模化鸡舍可选配湿帘、风机、喂料机、饮水系统、集蛋设备、温控系统和清粪系统（图1-6，图1-7，图1-8）。

图1-4 生产区的清洁道路

图1-5 粪污转运道路

图 1-6　鸡舍的湿帘降温系统

图 1-7　自动化饲养设备

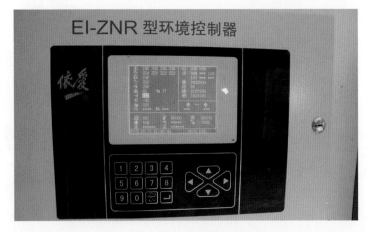

图 1-8　鸡舍内环境自动控制

3. 办公区

办公区建有办公室、档案室、接待室、培训室、监控室、实验室等办公设施，以及门卫室、饲料库、蛋库、药品库、配发电房、锅炉房、水塔等生产辅助设施。

4. 生活区

生活区应建有餐厅、宿舍等生活设施，方便员工生活，减少外出。

5. 隔离区

隔离区包括隔离鸡舍、兽医解剖诊断室、病死鸡处理设施、粪污处理设施（图1-9）。隔离区应位于场区常年主风向的下风处及地势较低处。隔离区与生产区间应有车辆进出消毒池；隔离区与出场通道应有大门，并有车辆进出消毒池；车辆消毒池宽度不小于门宽、有效长度不低于 5 米、深度不低于 0.1 米。

图 1-9　鸡舍的通风和清粪系统

第二节　蛋鸡场的科学管理

1. 饲养模式

保持合理的鸡群大小、密度，采用整群或分批次全进全出的饲养模式，禁止不同年龄、不同品种、不同来源的鸡混养。计划好鸡群引进、转群和出售时间，留有合适的空舍期。

2. 引进鸡群

鸡群引进前要了解其健康状况、免疫和治疗史，进行合适的检测，确保处于健康状态。引进的鸡群用清洁和消毒的车辆进行转运，置于生产区的隔离检疫区饲养30 天，确认无疫病再移入生产鸡舍。

3. 制定鸡群的免疫接种、药物防治和驱虫计划

记录个体或群体治疗史并妥善保存。

4. 进出消毒

鸡场的大门或鸡舍的大门处于可锁状态，员工进入鸡场应进行清洁、消毒。员工进入生产区要使用专用的外套和鞋子；进出生产区或鸡舍应进行清洁、消毒、洗手和换衣服；鸡舍内或鸡舍之间的工作顺序为从清洁区至脏区，从幼龄鸡到成年鸡。

5. 外来人员消毒

所有访问者需经批准，登记后在有关人员陪同下进入鸡场；如要进入生产区，需同员工一样进行清洁、消毒、洗手和换衣服，但不能接触家禽及其产品、饲料和饮水；离开鸡场时同样需清洁、消毒、洗手和换衣服。

6. 车辆进出鸡场均需登记、清洁和消毒

消毒前需对车辆内外、轮胎和车底部进行全面清扫和洗刷，选用2%～5%的次氯酸钠或0.2%～0.5%的过氧乙酸进行喷雾消毒（图1-10）。车辆消毒池可使用2%～3%的氢氧化钠溶液或5%甲酚皂溶液作为消毒剂。

7. 运输

由于运送鸡蛋、淘汰鸡和粪便的车辆对疫病传播的危险性最大，最好使用专用车辆运送至远离养鸡场的指定地点进行交易或处理。

图1-10　对车辆进行喷雾消毒

8. 饲料及原料购于可靠的供应商，以确保饲料的品质

饲料要贮存在封闭的仓库，但不得贮存在生产区之内（图1-11）。饲料由专人专车运送，运送者不得接触家禽。垫料也要源于可靠供应商，一次备足消毒后贮存于指定区域以防霉变和污染。

图 1-11　饲养储存塔

9. 鸡群的饮水应标准，定期检测饮水的安全性

井水、溪水、池塘水和湖水使用前需经过滤或消毒处理（图 1-12）。供水系统应该封闭，以防饮水污染。定期检查、维护供水系统，设定报警装置，以防鸡群缺水。

图 1-12　饮水净化装置

10. 定期从生产区清除粪便，并将粪便收集、贮存至生产区外

粪便贮存区应远离生产线和道路，应防止粪便流失和被野生动物、昆虫接触，对粪便应堆肥发酵和厌氧贮存。

11. 每日检查鸡群

如果出现异常情况或不明死亡应立即报告兽医人员。及时挑出患病鸡只进行隔离，调查病因，进行相应的检测和治疗。随时捡出死禽，集中收集于生产区之外指定地点进行深埋或焚烧，避免被人、野生动物和昆虫接触（图1-13）。合理处理污染的饲料、垫料、动物产品和粪便。

图1-13 病死鸡的焚烧处理装置

12. 每天清洁笼具、饲喂器和饮水，定期除去粪便

带鸡消毒可选用刺激性小的消毒药物如碘伏等进行喷雾消毒，一周两次（图1-14）。

图1-14 带鸡消毒

13. 每个生产周期束后，及时清洁、消毒生产区和设备，包括供水系统

消毒前必须清除场地和设备上黏附的粪便、饲料、垫料、羽毛和垃圾，选用2%～3%的氢氧化钠溶液或0.2%～0.5%的过氧乙酸等消毒药物进行喷洒消毒，对鸡舍最终使用福尔马林熏蒸消毒。空舍期一般为2～4周。

14. 定期修剪生产区的草和植被，以减少野生动物的藏身之处

及时清理溢洒的饲料，以防作为野生动物的食物来源（图1-15）。

图1-15　鸡舍周围环境

15. 隔离与封锁

当鸡场面临高疾病风险时，如周边地区有重要传染病发生或者出现突发情况（如死亡率异常升高、产量下降等），有必要进一步提高生物安全水平，强化隔离、封锁和消毒措施，严格防止疾病传入和蔓延。

16. 及时了解国际和国内动物疫病的流行状况

定期评估养鸡场的疫病风险，识别出生物安全隐患，制定和更新生物安全措施。制定切实可行的生物安全计划和生物安全操作手册，对员工提供理论和实践操作培训（图1-16）。

图1-16　鸡场技术人员培训

第二章　蛋鸡疾病的诊断和防治

蛋鸡疾病的诊断方法多种多样，及时而准确的诊断是有效防控疾病的基础。在进行具体疾病的诊断时可根据情况选择其中的一种或几种方法，综合分析各种诊断结果后作出确诊。

第一节　现场诊断

一、流行病学调查

流行病学调查是通过询问、查看记录和察看现场，找出疾病流行的特点。调查的内容包括：发病的时间、地点和蔓延情况；发病率、病死率和死亡率；生产性能、免疫程序、既往病史和抗体监测情况；已经采取的措施及其效果等。此外，还需要了解鸡场周边地区的疫情。

二、临床症状观察

临床症状观察的主要内容包括鸡的精神、体温、采食量和饮水量，分泌物和排泄物特性，皮肤、黏膜、冠、肉髯及羽毛的状态，产蛋率和蛋的品质；是否存在运动失调、震颤和麻痹；有无相互啄咬的迹象等（图2-1）。

图 2-1　观察发病鸡群的临床症状

有些疾疾具有特征性临床症状。但是，有时不同疾病的临床症状相似，混合感染几种疾病也可使症状表现复杂化。所以，应对发病群体综合分析，不能仅凭个别或少数病例的症状轻易作出诊断。对于尚未出现特征性症状的发病初期病例或症状非典型的病例，必须结合其他方法才能做出确诊。

三、病理剖检

病理剖检是通过检查组织和器官的眼观病变，如炎症、水肿、出血、变性、坏死、萎缩、肿瘤等，以确定引起发病、死亡或生产性能不良的原因（图2-2）。

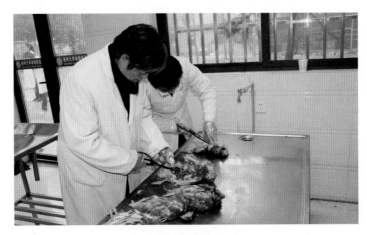

图 2-2 剖检病死鸡

病理剖检时应先检查体表，然后检查内脏器官、肌肉、神经、骨骼及关节。对于坐骨神经的检查，可剪去大腿内侧的肌肉使之暴露。关节腔和眶下窦可先消毒局部皮肤，再切开后检查。

选择症状较典型、病程较长的病死鸡进行剖检，这样才能有利于发现特征性病变。由于每种疾病的所有病变不可能在每一只病死鸡上都充分表现出来，所以，应尽可能多剖解些病死鸡。

第二节　实验室诊断

一、组织学诊断

组织学诊断是根据组织、器官的显微病变进行诊断。用于诊断的组织必须在鸡死后或扑杀后立即采取，保存于10倍体积的10%福尔马林固定液里，然后进行切片、染色和镜检。

二、病原学诊断

证明病料中含有病原体是疾病诊断的重要依据（图2-3）。为了尽量减少杂菌的污染，用于诊断的病料最好能在病鸡濒死或死后数小时内采取。

1. 病料镜检

对于巴氏杆菌、球虫等具有特征性形态的病原体可以迅即做出诊断。

2. 病原分离与鉴定

细菌的分离、培养可选用适当的人工培养基，而病毒的分离和培养可选用禽胚、实验动物或细胞组织等。分离到病原后，再进行形态学、培养特性、免疫学及分子生物学鉴定。

3. 动物接种试验

将病料、分离的病原接种于易感动物，根据接种后动物表现的症状和病变来帮助诊断，或者再次采取病料进行镜检和病原分离鉴定。动物接种试验需要严格的隔离条件和消毒设施，以免造成病原扩散。

图2-3　采集供实验室检查的样品

三、免疫学诊断

采用已知抗原测定被检血清中的特异性抗体，或用已知抗体测定被检病料中的抗原（图2-4）。凝集试验、凝集抑制试验、琼脂扩散试验、免疫荧光试验、酶联免疫吸附试验（ELISA）、免疫胶体金试纸条检测等已经成为疾病诊断的常用方法。

图2-4　用ELISA试剂盒检测禽白血病病毒

四、分子生物学诊断

近年来，针对病原体的特异性核酸序列建立了多种分子生物学检测技术。其中，聚合酶链反应（PCR）因为简便、快速、敏感性和特异性高，应用最为广泛。由PCR技术又衍生出反转录PCR、套式PCR和多重PCR等方法。

第三章 蛋鸡疾病的免疫接种和药物防治

疫苗接种可以使鸡只产生针对相应病原体的特异性免疫力，经卵传递的母源抗体对于雏鸡具有一定的保护作用。对传染性疾病的预防和治疗，一方面可以减少经济损失，另一方面也是消除传染源的措施之一。

第一节 免疫接种

一、疫苗类型

1. 活疫苗

活疫苗由人工致弱毒（菌）株或天然弱毒（菌）株制成，可在机体内增殖。活疫苗不仅能激发体液免疫和细胞免疫，而且能刺激呼吸道和消化道的局部黏膜免疫（图3-1）。活疫苗产生免疫应答快，但持续时间较短，而且容易被体内已有抗体所中和。此外，几种活疫苗之间可能存在相互干扰，联合使用应该受到限制。

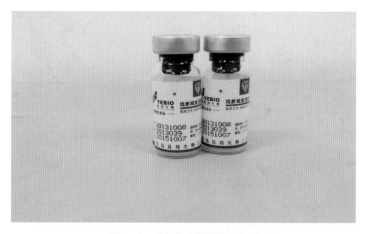

图 3-1　新城疫弱毒活疫苗

2. 灭活疫苗

灭活疫苗由灭活的毒(菌)株和免疫佐剂制成,不能在机体内增殖,生产成本高(图 3-2)。灭活疫苗产生免疫应答较慢,但免疫期长,而且不容易被体内抗体所中和,常用于维持较长时间的针对特定病原体的抗体水平。

图 3-2 禽流感灭活疫苗

二、疫苗接种方法

1. 注射免疫

注射免疫的疫苗接种确实。皮下接种部位一般在颈背部或股内侧,肌肉接种部位包括胸肌、大腿外侧肌肉和翅根部肌肉(图 3-3)。产蛋鸡的注射免疫一般在开产之前进行,以尽量降低应激反应。

图 3-3 注射马立克氏疫苗

2. 饮水免疫

新城疫、传染性支气管炎和传染性法氏囊病等活疫苗可采用饮水免疫。免疫前两天用 0.2% 脱脂奶粉液冲洗饮水系统，去除管道内残余的消毒剂。免疫前停止供水约 2 小时，使鸡群轻度口渴，保证所有鸡都接种到疫苗。疫苗宜用凉开水、蒸馏水或去离子水稀释，忌用含消毒剂的水稀释。

3. 滴鼻或点眼免疫

滴鼻或点眼免疫一般用于新城疫和传染性支气管炎活疫苗的接种。每只鸡的接种量约为 0.03 毫升。染色的疫苗稀释液有助于检查接种的效果。

4. 气雾免疫

新城疫和传染性支气管炎活疫苗可采用气雾免疫。有效的气雾免疫应让鸡接触雾化的疫苗 5～10 秒，雾滴直径大小为 50～100 微米。雾滴太大易于沉降；而直径小于 20 微米的雾滴可进入呼吸道的深部，诱发慢性呼吸道病。

5. 翅下刺种免疫

常用于禽痘或禽脑脊髓炎的免疫。用蘸有疫苗的接种针，从翅翼膜区刺穿两层皮肤。7～10 天后检查接种部位是否有结痂来评价免疫的质量。

三、免疫程序的制定

免疫程序是鸡群的疫苗接种计划，包括接种疫苗的类型、次序、时间、次数、方法、间隔等。合理的免疫程序应能有效防止疾病的发生，而且能使鸡群发挥出最大的生产效率。鸡场要根据当地疾病的流行情况，结合自身实际制定相应的免疫程序，并且根据免疫监测和病原监测的结果及时作出调整（图3-4）。目前，对新城疫、禽流感、

图 3-4　进行新城疫抗体监测

传染性支气管炎、马立克氏病、传染性法氏囊病等传染病的防控仍是制订免疫程序需要考虑的重点。至于某地区尚未发生的疾病，可根据传入风险的大小确定是否接种疫苗。

四、免疫失败的原因

1. 疫苗因素

疫苗品质差、效价低，运输、保管不当或已过有效期；疫苗毒（菌）株与流行毒（菌）株的血清型或亚型不一致；疫苗毒（菌）株的毒力过弱，而流行毒（菌）株的毒力过强；活疫苗携带垂直传播的病原体；几种疫苗之间的干扰作用。

2. 动物因素

母源抗体或前次免疫产生的抗体对疫苗的中和作用；免疫间隔时间过长，接种疫苗时已处于疾病潜伏期；存在传染性法氏囊病毒、马立克氏病毒、禽白血病病毒、网状内皮增生症病毒、传染性贫血病毒、禽呼肠孤病毒等免疫抑制性病原的感染，营养不良、饲料中的霉菌毒素亦可引起免疫抑制。

3. 人为因素

免疫密度不够，疫苗接种剂量不足、接种途径或方法错误，接种活菌苗的同时使用抗菌药物等。

第二节　药物防治

抗菌药物、维生素和矿物质、中草药及微生态制剂等可用于预防和治疗蛋鸡的多种疾病。药物的使用必须遵循科学、合理的原则，以达到预期的防治疾病效果，同时避免不良反应。

一、给药途径

给药途径有3种形式：注射、饮水和喂料。预防用药一般添加到饲料和饮水中。抗菌治疗常采用饮水给药，药物的吸收快，便于大群给药。先饮水给药，再在饲料中添加药物，适用于较长的疗程。注射用药适合于急性细菌性疾病的治疗。

二、用药原则

1. 选用合适药物

抗菌药物的疗效与多方面因素有关，包括病原、感染部位的有效药物浓度、给药剂量和途径。预防用药应该尽量使用常规药物，遇到耐药菌株时才可使用新一代药物。

2. 抗菌药物的使用应考虑配伍禁忌，种类不宜过多

不适当的联合用药反而可能影响疗效，并增加细菌对多种药物的接触机会，更易产生广泛耐药性。

3. 抗菌药物的使用剂量不宜过大、使用时间不宜过长

如果饲料中预先加入了药物，再添加药物就可能导致用药剂量过大。药物拌料或饮水不均匀，也有可能导致用药剂量过大。长期使用抗菌药物容易产生耐药性，还可能引起动物体内正常菌群失调，甚至造成药物中毒和残留。

4. 避免过分依赖抗菌药物

抗菌药物的使用花费较大，只能作为蛋鸡疾病防治的手段之一。细菌性疾病大多属于继发感染，消除原发病因可以减少抗菌药物的使用。药物防治必须与饲养管理、卫生消毒、疫苗接种等综合措施相结合。

5. 针对鸡不同生长期的营养缺乏症，应及时、适量补充维生素、矿物质、氨基酸等营养素

6. 微生态制剂忌与抗菌药物合用，否则会使活菌剂失效

第四章　细菌性疾病

第一节　沙门氏菌病

沙门氏菌病是由沙门氏菌感染所引起的急性或慢性传染病，临床表现为败血症和肠炎等病症。无鞭毛的鸡白痢沙门氏菌和鸡伤寒沙门氏菌分别引起鸡白痢和鸡伤寒，而有鞭毛沙门氏菌引起的疾病统称为鸡副伤寒。肠炎沙门氏菌和鼠伤寒沙门氏菌是鸡副伤寒的常见病原体，能感染多种动物和人类，公共卫生意义重要。沙门氏菌病可发生于各种年龄的鸡，雏鸡比成年鸡易感，日龄越小病死率越高；成年鸡常隐性带菌，严重影响其生产性能。沙门氏菌既可通过带菌卵垂直传播，也可进行水平传播。

一、症　状

先天感染沙门氏菌的雏鸡在出壳后迅速发病，病雏的粪便和飞绒严重污染饲料、饮水、孵化器和育雏器。出壳后感染的雏鸡7天后发病。病雏精神不振，采食减少或废绝，两翼下垂，绒毛松乱；腹泻，粪便呈糊糊状；有时干结的粪便封住肛门，排便时发出尖锐叫声（图4-1）。有些病例出现关节肿胀和全眼球炎。病程短的1天，一般为4~7天。20日龄以上雏鸡病程较长，极少死亡。耐过鸡生长发育不良，成为慢性病例或带菌者。

成年鸡感染一般无临床症状，产蛋量与受精率有所下降。少数病鸡精神委顿，食欲减退，羽毛凌乱，鸡冠、肉髯苍白；排出白色或黄色稀便，渐进性消瘦，产蛋下降。

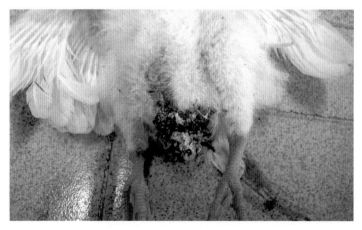

图4-1　粪便干结、封肛

二、病　变

雏鸡的肝脏呈土黄色，在心肌、肺可见灰白色坏死结节。卵黄吸收不良，脐炎，胆囊肿大，输尿管充满尿酸盐而扩张（图4-2）。肠道发生出血性、卡他性炎症。盲肠有干酪样渗出物，有时还混有血液。

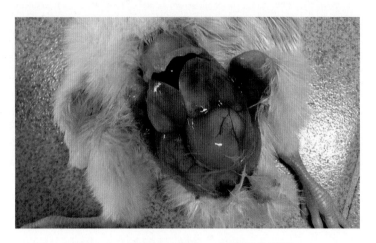

图4-2　肝脏呈土黄色，卵黄吸收不良

育成鸡的肝脏肿大，呈暗红色至深紫色（鸡伤寒病例可呈青铜色）（图4-3），表面有散在或弥漫性的坏死灶（图4-4）。脾肿大，表面有坏死点（图4-5）。小肠出血严重（图4-6），有时可见溃疡灶。

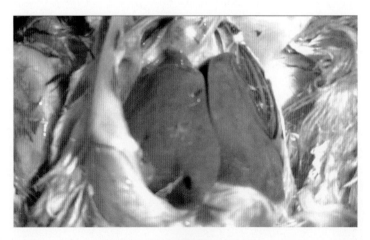

图4-3　肝脏呈古铜色

图 4-4　肝脏肿大、表面有坏死灶

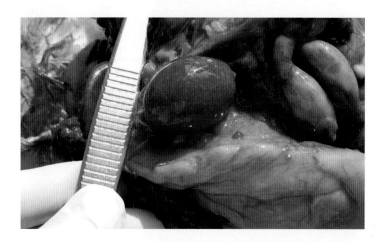

图 4-5　脾脏肿大、表面有坏死点

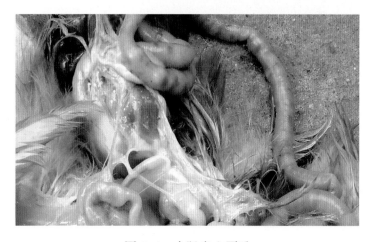

图 4-6　小肠出血严重

成年母鸡常见卵子变形、变色、变质（图4-7），病变卵子坠入腹腔，引起腹膜炎及腹腔脏器黏连（图4-8）。成年公鸡的病变常局限于睾丸及输精管，睾丸极度萎缩，输精管炎症。

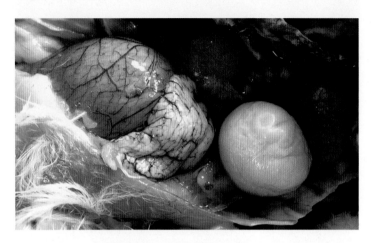

图4-7　卵子变形、变色

图4-8　腹膜炎，脏器黏连

三、诊　断

本病可根据流行病学、症状和病变做出初步诊断，确诊需进行沙门氏菌的分离和鉴定。

鸡白痢的检疫常用全血或血清平板凝集试验。由于鸡白痢沙门氏菌和鸡伤寒沙门氏菌具有相同的O抗原，因此，该方法也可检出鸡伤寒。

四、预防与控制

1. 净化种鸡群，定期检出和淘汰带菌鸡
2. 加强饲养管理，保持饲料和饮水的清洁、卫生，做好消毒和灭鼠工作
3. 雏鸡饲料中添加适量的抗生素，有预防本病的效果

发病鸡群可选用合适抗生素进行治疗。注意穿梭用药，并辅以对症治疗。

第二节　大肠杆菌病

大肠杆菌病是由致病性大肠杆菌引起的败血症、腹膜炎、输卵管炎、脐炎、滑膜炎、气囊炎、肉芽肿、眼炎等多种疾病的统称。饲养密度大、通风不良、卫生状况差、气候剧变和免疫抑制性病原等因素可诱发本病。

一、症　状

经卵感染或在孵化后感染的雏鸡，在出壳后几天内即可发病死亡；病雏精神沉郁，少食或不食，腹部膨大，脐孔及周围皮肤发紫。病程稍长的雏鸡剧烈腹泻，粪便灰白色、混有血液，有时见全眼球炎。成年鸡感染后，多表现为关节滑膜炎、输卵管炎和腹膜炎。产蛋量下降，产蛋高峰维持时间短，死淘率增加。

二、病　变

急性败血症：突然死亡雏鸡的病变不明显。病程稍长者的皮下、浆膜和黏膜有大小不等的出血点，脾肿大。

脐炎：雏鸡的脐孔及周围皮肤发紫，卵黄吸收不良。

气囊炎、心包炎和肝周炎：气囊浑浊，不均匀增厚，表面有纤维素性渗出物。心包膜和肝被膜附有纤维素性渗出物（图 4-9）。

关节滑膜炎：关节明显肿大，关节腔内液体增多、有脓汁或干酪样物，关节周围组织充血水肿。

全眼球炎：眼结膜充血、出血，眼房水及角膜逐渐混浊（图 4-10）。

输卵管炎和腹膜炎：输卵管黏膜充血、出血和肿胀，管腔内有蛋白和纤维素凝块（图 4-11）。腹腔液增多、混浊，腹膜有灰白色渗出物，肠道和各脏器相互黏连（图 4-12）。

肉芽肿：肝、十二指肠、盲肠系膜上出现大小不等的坏死灶、肉芽肿（图 4-13、图 4-14）。

图4-9　心脏和肝脏表面覆盖灰白色纤维素性膜

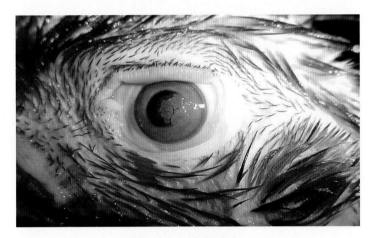

图4-10　全眼球炎

图4-11　输卵管炎和腹膜炎

图 4-12　卵黄性腹膜炎

图 4-13　肝脏表面的坏死灶

图 4-14　肝脏表面可见大小不等灰白色坏死灶

三、诊　　断

根据本病的流行病学、临床症状和病理变化可做出初步诊断。

确诊需进行细菌学检查，对分离出的大肠杆菌进行生化和血清学鉴定。

四、预防与控制

1. 搞好环境卫生

做好带鸡消毒、鸡舍内外环境消毒，加强通风换气，保证适宜的饲养密度。

2. 氟哌酸、氨苄青霉素、庆大霉素、萘啶酸、土霉素、多黏菌素 B 及磺胺类药物等均可用于本病治疗

选择药物时必须先进行药敏试验，尽量选择高敏感的药物，轮换或交替使用。

第三节　传染性鼻炎

传染性鼻炎是由副鸡嗜血杆菌引起的急性呼吸道疾病，临诊以鼻炎、窦炎和结膜炎为特征，表现为流鼻涕、打喷嚏和面部水肿。本病可发生于各种年龄的鸡，但在成年鸡较为严重。慢性病鸡及隐性带菌鸡是主要传染源，通风不良、寒冷、潮湿、维生素缺乏和疫苗接种的应激反应等是发病诱因。

一、症　　状

潜伏期短，为 1~3 天。鼻腔和窦发生炎症的病鸡常表现流稀薄鼻液，后转为浆液性分泌物，有时打喷嚏；如炎症蔓延至下呼吸道，则出现呼吸困难并伴有啰音。眼结膜炎病鸡的眼周及面部水肿（图 4-15）。病鸡饮食欲减少，或有下痢，体重减轻。成年母鸡产蛋减少，甚至停产。公鸡肉髯常见肿大。

如转为慢性病例和并发其他细菌感染，则鸡群中发出恶臭气味。病鸡频频摇头，欲将呼吸道内黏液排出，常窒息而死。

二、病　　变

本病主要病变为鼻腔和窦黏膜充血、肿胀，表面覆有大量黏液，窦内有渗出物或干酪样坏死物（图 4-16）。常见卡他性结膜炎，结膜充血肿胀。面部及肉髯皮下水肿。严重时气管黏膜炎症，偶有肺炎及气囊炎。成年母鸡卵泡变性、坏死和萎缩（图 4-17）。

图 4-15　患鸡面部肿胀、肉髯肿胀

图 4-16　面部肿胀，鼻腔内渗出物有干酪样坏死物

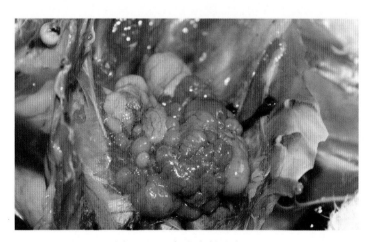

图 4-17　卵泡变性和坏死

三、诊　断

根据本病的流行病学特点、临诊症状和病变可以做出初诊，确诊需进行病原分离鉴定。

从发病早期病鸡的窦内、气管或气囊采取病料，划线接种于血琼脂平板，然后用葡萄球菌在平板上交叉划线。置 5% CO_2 培养箱内，37℃培养 24 ~ 48 小时，可在葡萄球菌菌落的边缘生长出细小的卫星菌落，纯培养后进行形态学、生物化学、血清学和分子生物学鉴定。

四、预防与控制

1. 避免不同日龄的鸡混养，不引进来源不明的鸡

改善鸡舍通风，避免过密饲养，加强消毒等措施可减轻发病。

2. 多种抗生素及磺胺类药物可用于本病治疗

要彻底根除该病，需扑杀感染鸡群，鸡舍和设备经清洗和消毒后闲置 2 ~ 3 周方可再用。

3. 常发生本病的地区可以用多价灭活菌苗进行免疫接种，于鸡群 3~5 周龄和开产前分两次接种

第四节　支原体感染

鸡毒支原体和滑液囊支原体是两种常见的对鸡有致病性的支原体。鸡毒支原体可引起慢性呼吸道病，以张口呼吸、咳嗽、流鼻液和呼吸道啰音为特征；滑液囊支原体可导致急性或慢性关节滑膜炎、腱滑膜炎或滑液囊炎。本病既可垂直传播，也可水平传播；一年四季均可发生，但以寒冷季节流行严重。

一、症　状

鸡毒支原体感染呈慢性经过，表现为流浆液或黏液性鼻液（图 4-18），甩头、喷嚏、咳嗽。炎症蔓延到下呼吸道时，有呼吸道啰音和张口呼吸现象。病鸡面部肿胀，流泪，有时眶下窦中蓄积渗出物形成明显的突出。产蛋鸡多呈隐性经过，仅表现产蛋下降和种蛋的孵化率低，孵出的雏鸡活力降低。

图 4-18　病鸡面部肿胀、流浆液或黏液性鼻液

滑液囊支原体感染可导致关节周围肿胀，以跗关节及爪垫最为常见（图 4-19）。

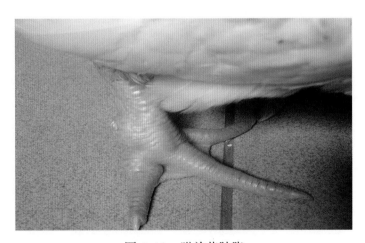

图 4-19　跗关节肿胀

二、病　变

鸡毒支原体感染鸡的鼻腔、气管、支气管和气囊内有混浊的黏稠渗出物，气囊混浊、增厚，严重者有干酪样渗出物（图 4-20）。鸡毒支原体常与大肠杆菌、副鸡嗜血杆菌、传染性支气管炎病毒等混合感染，表现为呼吸道黏膜水肿、充血、肥厚，窦腔内充满黏液和干酪样渗出物；还可见纤维素性肝周炎、心包炎和浆膜炎。

图 4-20　气囊炎，气囊表面有大量淡黄色炎性渗出物

滑液囊支原体感染鸡的腱鞘滑液囊、滑液囊膜和关节可见黏稠的灰白色渗出物（图 4-21），关节表面有时有溃疡。

图 4-21　关节腔可见渗出物，关节面溃疡

三、诊　断

根据本病的流行病学、症状和病变可作出初步诊断，确诊须进行病原鉴定和血清学检查。

支原体的分离培养要求高，需要的时间长。PCR 方法可用于支原体的快速检测，血清学检测方法主要有血清平板凝集试验（SPA）和血凝抑制试验（HI）。

四、预防与控制

1. 免疫接种油乳剂灭活疫苗或弱毒活疫苗，但弱毒活疫苗接种前后应停用抗菌药物

2. 种鸡群净化

种鸡群通过灭活疫苗免疫，连续服用高效抗支原体药物，结合种蛋的药物浸泡或种蛋入孵初期的高温孵化，可大大减少支原体经种蛋传递的概率。通过血清学检查，淘汰阳性鸡，留下阴性群隔离饲养作为种用。

3. 本病可用恩诺沙星、支原净和强力霉素等治疗

恩诺沙星按 50~100 毫克 / 千克饮水，100~200 毫克 / 千克拌料，连用 3~5 天。支原净按 100~150 毫克 / 千克饮水，100~200 毫克 / 千克拌料，连用 3~5 天。强力霉素按 100~200 毫克 / 千克饮水或拌料，连用 7 天。

第五节 巴氏杆菌病

本病是由多杀性巴氏杆菌引起的急性、败血性传染病，呈散发性，多见于青年鸡和产蛋鸡。

一、症 状

最急性病例发生于流行初期，无明显症状而突然死亡，以产蛋率高的鸡常见。

急性病例最为常见。病鸡体温高达 43 ~ 44℃，精神沉郁，食欲减少，羽毛松乱，排黄

图 4-22 鸡冠发紫

绿色稀粪。呼吸急促，鸡冠发紫（图4-22），鼻孔和口流出混有泡沫的黏液（图4-23）。

慢性病例多见于流行后期，鸡冠、肉髯、耳片肿胀，局部坏死。关节发炎肿胀，以跗、趾关节为最明显。

图4-23　病鸡口腔内有黏液

二、病　变

最急性病例无特殊病理变化，仅可见心外膜有点状出血。

急性病例皮下组织、腹膜有大小不等的出血点；心外膜和心冠脂肪出血明显（图4-24），心包内积有不透明的淡黄色液体或纤维素性絮状液体；肝脏肿大、质脆，表面有许多针尖到粟粒大小的灰白色坏死点（图4-25）；脾脏肿胀，坏死（图4-26）；肠道有点片状或弥漫性出血（图4-27）

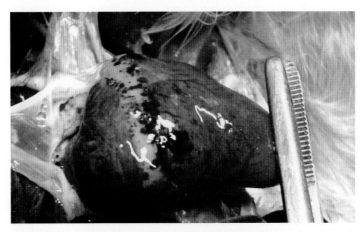

图4-24　心外膜和心冠脂肪出血

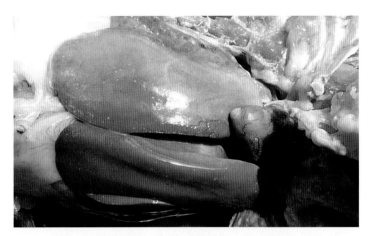

图 4-25　肝肿大，质脆，表面有灰白色的坏死灶

图 4-26　脾脏肿大，坏死

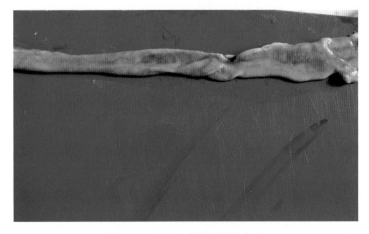

图 4-27　十二指肠黏膜出血

慢性病例的肉髯、眼眶周围的窦腔肿大，内有脓性干酪样物质。关节肿胀，囊壁增厚，腔内有渗出物或肉芽组织。

三、诊　断

采集病鸡的心血或有病变的内脏器官，制作涂片或触片，姬姆萨或美蓝染色镜检，如见一定数量的两极染色的短杆菌（图4-28）即可作出诊断。确诊需进行细菌的分离培养。

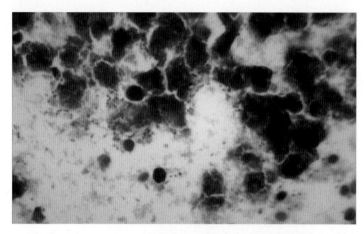

图4-28　肝脏组织触片经美蓝染色，组织间隙可见一定数量的两极染色的短杆菌

四、预防与控制

1. 加强饲养管理，消除可能存在的应激因素
2. 做好消毒和免疫接种工作

可选用禽霍乱 $G_{190}E_{40}$ 弱毒疫苗或禽霍乱油乳剂灭活苗。

3. 发生本病后，应隔离病鸡，禽舍、场地和用具彻底清扫消毒

全群饲喂抗菌药物，以控制发病。

第六节　葡萄球菌病

葡萄球菌病是由金黄色葡萄球菌引起的以急性败血症、脐炎和关节炎为特征的传染病。葡萄球菌广泛存在于环境中，主要通过外伤、呼吸道及消化道感染。饲养管理不当、营养缺乏或滥用抗生素引起的菌群失调等因素均可增加发病机会和疾病的严重程度。

一、症　状

急性败血症多发于 1~2 月龄雏鸡，皮下组织出现广泛的炎性浮肿，外观为蓝紫色（图 4-29）。

图 4-29　感染部位外观为蓝紫色，皮肤脱毛坏死

脐炎型常发生于出壳后一周内的雏鸡。病雏脐孔发炎肿大，腹部膨大。

关节炎型多见于青年鸡和成年鸡，趾关节和跗关节肿胀（图 3-30），跛行。

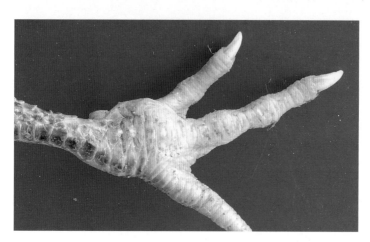

图 4-30　跗、趾关节肿胀

二、病　变

急性败血症可见皮下有出血性胶冻样浸润，液体呈棕黄或棕褐色，有恶臭味（图 4-31）。

脐炎型的病雏脐部坏死，卵黄吸收不良。

图 4-31　皮下有出血性胶冻样浸润

　　关节炎型的病鸡在关节腔内有浆液性、纤维素性或脓性渗出物，关节周围结缔组织增生（图 4-32）。

图 4-32　关节腔积液

三、诊　断

　　以皮下渗出液、关节液、肝、脾或雏鸡的卵黄、脐孔渗出液作涂片，革兰氏染色，镜检可见大量的葡萄球菌（图 4-33）。确诊需进行细菌分离鉴定。

四、预防与控制

1. 加强饲养管理，定期进行环境消毒

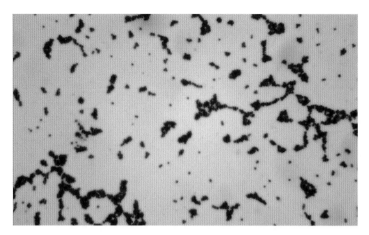

图 4-33　镜检可见呈葡萄串状排列的球菌（革兰氏染色）

2. 接种疫苗时，要做好局部消毒工作

消灭蚊蝇和体表寄生虫，防止吸血昆虫叮咬；清除锋利尖锐的物品，防止外伤；一旦发现皮肤损伤，及时用 5% 龙胆紫酒精或碘酊涂擦。

3. 发病后选用敏感药物对全群进行防治

第七节　曲霉菌病

曲霉菌病是由烟曲霉、黄曲霉等曲霉菌引起的真菌病，以组织器官尤其是肺和气囊发生炎症为特征。该病多见于雏鸡，成年鸡为散发。阴暗、潮湿的环境能促使曲霉菌增殖，易感鸡常因接触发霉饲料和垫料而感染。

一、症　状

病鸡精神委顿，食欲减少，呼吸困难，伸颈张口。冠和肉髯颜色暗红或发紫。有的病鸡表现神经症状，如摇头、头颈屈曲、共济失调和两腿麻痹。侵害眼时，结膜充血肿胀，眼睑封闭、有干酪样物，严重者失明。急性病例 2~7 天死亡，慢性者可延至数周。

二、病　变

病变多见于肺和气囊，上有粟粒大至绿豆大的黄色或灰白色结节（图 4-34、图 4-35）。少数病例在胸腔、腹腔、肝和肠系膜也可见到结节。

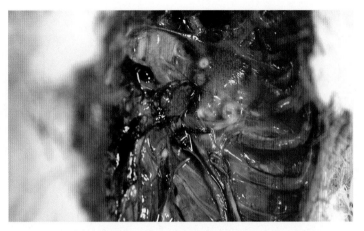

图 4-34　肺上的霉菌结节

图 4-35　气囊和肺上的霉菌结节

三、诊　断

根据流行病学、症状及病理变化特征，可作出初步诊断。取霉菌结节少许，破碎后镜检，若见到曲霉菌的菌丝及孢子，即可确诊。

四、预防与控制

1. 避免使用发霉的饲料、垫料，保持禽舍和育雏设施的清洁干燥

曲霉菌污染严重的孵化室和育雏室，应彻底清扫，再用高锰酸钾配合福尔马林熏蒸或 0.4% 过氧乙酸或 5% 石炭酸喷雾后密闭数小时，经通风后使用。

2. 发现病情时，需迅速查明原因，更换发霉的饲料或垫料

病鸡可使用制霉菌素治疗，按 100 只雏鸡 1 次用 50 万单位拌料饲喂，每日 2 次，连用 2 ~ 4 天。亦可配合使用 1 : 3000 的硫酸铜或 0.5% ~ 1% 的碘化钾溶液饮水，连用 3 ~ 5 天。

第五章　病毒性疾病

第一节　禽流感

禽流感是由正黏病毒科 A 型流感病毒属的禽流感病毒引起的各种综合征。禽流感病毒的抗原性复杂，目前，已经鉴定出的血凝素亚型有 16 种（H1～H16），神经氨酸酶亚型有 10 种（N1～N10）。对鸡高致病性的禽流感病毒以 H5 亚型毒株最为常见，可引起严重的全身性、出血性败血症；而对鸡低致病性的禽流感病毒以 H9 亚型毒株最为常见，可引起呼吸道疾病和产蛋鸡的产蛋量下降。禽流感病毒的宿主范围广，发病或带毒水禽造成水源和环境污染。禽流感的发生虽无明显季节性，但以冬、春季多发。

一、症　状

本病的临床症状受到病毒的毒力和感染禽的免疫状况、品种等因素影响。

高致病性禽流感表现为突然发病，体温升高，极度沉郁，饲料、饮水及产蛋量急剧下降。头颈部水肿（图 5-1），呼吸困难，鸡冠发绀（图 5-2），脚鳞出血（图 5-3），神经紊乱（图 5-4），严重下痢。发病率和死亡率高。

低致病性禽流感的潜伏期短，传播迅速。病鸡出现咳嗽、喷嚏、啰音等呼吸道症状，精神沉郁，食欲降低，消瘦，产蛋鸡的产蛋率下降。如有混合感染、继发感染或应激因素存在，则症状表现更为复杂。

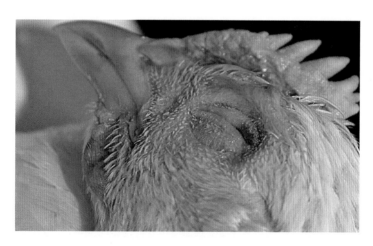

图 5-1　头面部水肿

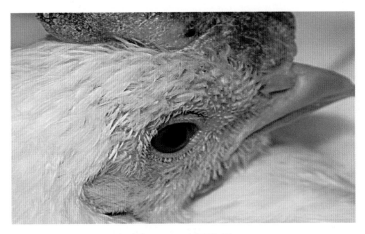

图 5-2　鸡冠发绀

图 5-3　脚鳞出血

图 5-4　神经症状

二、病 变

高致病性禽流感呈急性败血症变化，全身组织器官严重出血。腺胃黏液增多、乳头出血（图5-5），与肌胃之间交界处出血（图5-6）；消化道黏膜，特别是十二指肠黏膜广泛出血（图5-7）；呼吸道黏膜可见充血、出血（图5-8）；心冠脂肪及心内膜出血（图5-9）；胰腺、脾脏上有坏死灶（图5-10），肺出血、充血和坏死（图5-11）；卵泡充血、出血、萎缩、破裂，输卵管内有乳白色分泌物或凝块（图5-12）。

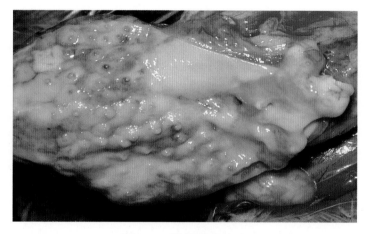

图5-5 腺胃乳头出血

图5-6 腺胃和肌胃交界处黏膜带状出血

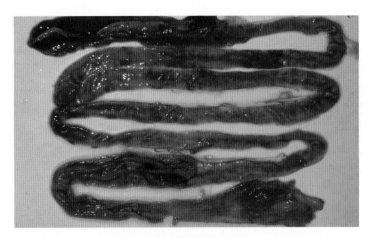

图 5-7　肠道黏膜出血

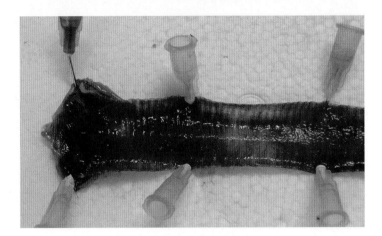

图 5-8　气管黏膜出血

图 5-9　心冠脂肪出血

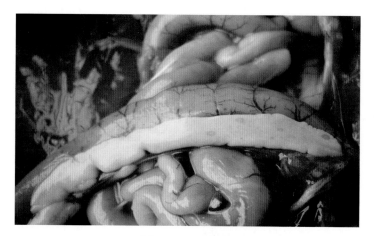

图 5-10　腺坏死

图 5-11　肺出血

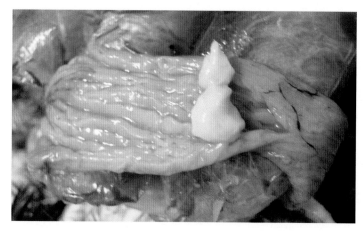

图 5-12　输卵管内有乳白色分泌物凝块

低致病性禽流感的气管黏膜和眶下窦轻度水肿、充血，有浆液性或干酪样渗出物；气囊壁增厚，有干酪样渗出物；卵泡畸形、萎缩，输卵管也可见到渗出物；肾脏肿大，有尿酸盐沉积（图5-13）。

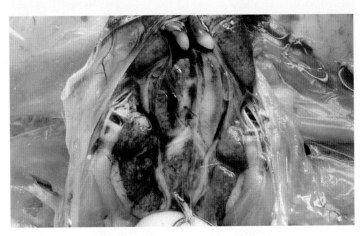

图5-13　肾脏肿大，尿酸盐沉积

三、诊　断

根据临诊症状、病变和抗体检测可作出本病的初步诊断。确诊需检测病毒抗原或基因，或进行病毒分离鉴定。

检测病毒抗原有ELISA、免疫荧光试验、免疫胶体金试验等血清学方法，检测病毒基因的方法有RT-PCR、实时定量RT-PCR等。

禽流感病毒常用9～11日龄鸡胚分离。病毒的鉴定采用血凝和血凝抑制试验、琼脂扩散试验、神经氨酸酶抑制试验等。

四、预防与控制

1. 强化养殖场的生物安全是防控禽流感的关键

包括实行全进全出的饲养方式、严格执行卫生和消毒程序等。鸡和水禽不能混养，防止野鸟进入鸡场饲养区。鸡场与水禽饲养场应相互间隔3000米以上，且不得共用同一水源。

2. 疫苗接种是防控禽流感的重要手段

鸡场需要根据具体情况，制订合理的免疫程序，做好免疫接种工作。还要定期进行监测，根据抗体水平变化及时加强免疫。

3. 发生高致病性禽流感时，应按照国家有关规定及时报告疫情，在国家指定实验室进行确诊，并果断采取隔离封锁、扑杀感染群和环境消毒等措

第二节　新城疫

新城疫是由新城疫病毒所引起的急性、高度接触性传染病，常呈败血症经过，主要特征为呼吸困难、下痢、神经功能紊乱、黏膜和浆膜出血。新城疫病毒只有一个抗原型，但不同毒株对鸡的致病性有明显差异。根据融合蛋白基因的序列，可将新城疫病毒分为不同基因型。目前，我国流行毒株的优势基因型是基因 VII 型。

一、症　状

本病的潜伏期一般为 3~5 天，根据临诊表现和病程长短，可分为最急性、急性、亚急性或慢性 3 种类型。

最急性型：突然发病，常无特征症状而迅速死亡，多见于流行初期和雏鸡。

急性型：病初体温升高，食欲减退或废绝，精神委顿。鸡冠和肉髯变暗红色或紫色。母鸡产蛋停止或产软壳蛋。随着病程的发展，出现比较典型的症状：病鸡呼吸困难，咳嗽，有黏液性鼻漏，常伸头，张口呼吸，并发出"咯咯"的喘鸣声或尖锐的叫声。嗉囊内充满液体内容物，倒提时可能有大量酸臭液体从口内流出，粪便稀薄，呈黄绿色或黄白色，有时混有少量血液。有的病鸡还出现神经症状，如翅、腿麻痹等，不久在昏迷中死亡。

亚急性或慢性型：初期症状与急性型相似，不久渐见减轻，但同时出现神经症状，患鸡翅腿麻痹，头颈向后向一侧扭转（图 5-14），一般经 10 ～ 20 天死亡。此型多发生于流行后期的成年鸡，病死率较低。

免疫鸡群的强毒感染可引起非典型新城疫，仅表现呼吸道和神经症状，产蛋鸡群出现产蛋率下降，病死率较低。

图 5-14　神经症状，头颈后仰

二、病　变

　　新城疫的典型病变为全身黏膜和浆膜出血，淋巴系统肿胀、出血和坏死，尤其以消化道和呼吸道为明显。嗉囊充满酸臭味的液体和气体。腺胃黏膜水肿，其乳头或乳头间有鲜明的出血点，或有溃疡和坏死（图5-15）。肌胃角质层下也常见有出血点。肠黏膜上有大小不等的出血点、纤维素性坏死，有的形成假膜，脱落后即成溃疡（图5-16）。盲肠扁桃体常见肿大、出血和坏死（图5-17）。气管出血或坏死（图5-18），周围组织水肿。肺瘀血或水肿。心冠脂肪有针尖大小的出血点（图5-19）。产蛋母鸡的卵泡和输卵管显著充血（图5-20），脑膜充血或出血（图5-21）。

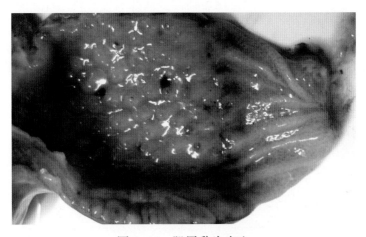

图5-15　肌胃乳头出血

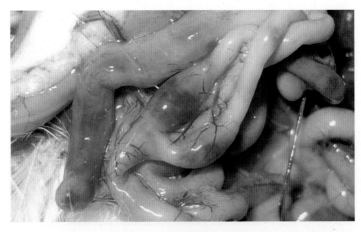

图5-16　肠道环状出血

图 5-17　盲肠扁桃体肿大出血

图 5-18　气管出血

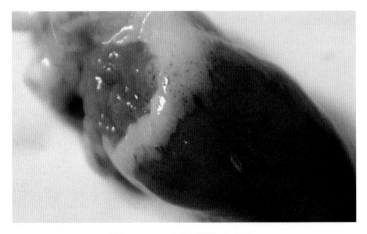

图 5-19　心冠脂肪出血点

图 5-20　卵泡充血

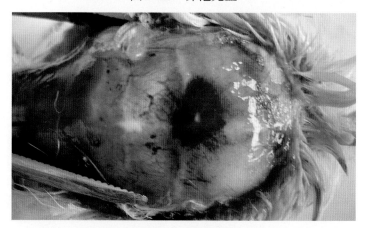

图 5-21　脑膜出血

非典型新城疫的病变不甚明显，多数可见黏膜有卡他性炎症。喉头和气管充血，有多量黏液。一般不出现腺胃乳头出血，但可见腺胃壁水肿。另外，在回肠壁可见黏膜面有枣核样突起（图 5-22），直肠和泄殖腔黏膜水肿和出血。

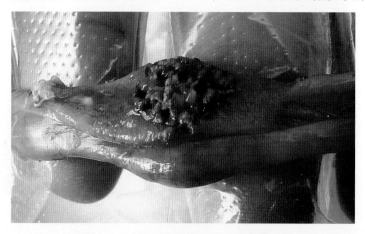

图 5-22　回肠壁黏膜面有枣核样突起

三、诊　断

根据临诊病史、症状和病变可作出初步诊断，确诊需进行病毒分离和鉴定。分离新城疫病毒的常用方法是将病料通过尿囊腔途径接种于 9 ~ 10 日龄的鸡胚。强毒株在接种后 30 ~ 60 小时出现鸡胚死亡，中毒株在 61 ~ 90 小时出现鸡胚死亡，弱毒株的鸡胚死亡时间大于 90 小时。血凝和血凝抑制试验常用于新城疫病毒的鉴定。从免疫鸡群分离到的新城疫病毒可能是疫苗毒株，必要时需测定其毒力。

四、预防与控制

1. 采取严格的生物安全措施，防止病毒侵入鸡群

这些措施包括：防止带毒动物（特别是鸟类）和污染物品进入鸡群；做好日常的隔离、卫生、消毒工作；饲料和饮水来源要安全；新购进的鸡须接种新城疫疫苗，并隔离饲养两周以上，证明健康者方可合群。

2. 合理进行疫苗接种，增强鸡群的特异性免疫力

目前，我国使用的新城疫疫苗可分为活疫苗和灭活疫苗两大类。活疫苗多采用滴鼻、点眼、饮水及气雾等方法接种，这样可以刺激局部的黏膜免疫。气雾免疫最好在 2 月龄以上的鸡采用，以免诱发呼吸道疾病。母源抗体、免疫抗体对疫苗的干扰大，尤其对活疫苗。在有条件的鸡场，要定期检测鸡群的抗体水平，从而确定接种疫苗的时机。

第三节　传染性支气管炎

传染性支气管炎是由传染性支气管炎病毒引起的急性、高度接触性传染病。本病可发生于各种年龄的鸡，但在雏鸡最为严重，特征是病鸡出现咳嗽、喷嚏和气管啰音等呼吸道症状，还能引起肾脏肿大、尿酸盐沉积，输卵管发育不全，产蛋鸡的产蛋率和蛋品质下降。过冷、过热、拥挤、通风不良等应激因素均可促进本病的发生。

一、症　状

潜伏期短，一般为 18~36 小时。鸡群突然出现呼吸道症状，并迅速波及全群。雏鸡表现张口呼吸（图 5-23）、喷嚏、咳嗽、啰音；精神不振，食欲下降，羽毛松乱，常扎堆挤在热源附近（图 5-24）；个别鸡鼻窦肿胀，流黏性鼻汁，逐渐消瘦；康复后发育不良。5~6 周龄以上鸡的突出症状是啰音、气喘和微咳，同时伴有减食、沉郁或下痢症状（图 5-25）。

雏鸡的死亡率可达 25% 左右，6 周龄以上鸡的死亡率较低。

图 5-23　呼吸困难，缩颈、张口呼吸

图 5-24　精神沉郁、畏寒、蹲伏于热源附近

图 5-25　腹泻、排出白色水样粪便

二、病 变

气管、支气管和鼻腔内有浆液性、卡他性和干酪样渗出物（图5-26、图5-27），气囊混浊。肾肿大，肾小管和输尿管因尿酸盐沉积而扩张，呈斑驳状的"花斑肾"（图5-28）。在严重病例，白色尿酸盐可见于其他组织器官表面。

母鸡在幼雏阶段发生感染可能导致输卵管发育异常（图5-29），致使成熟期不能正常产蛋，成熟的卵泡不能正常排入输卵管而掉入腹腔。部分感染鸡输卵管严重积液，腹部膨大（图5-30）。

图5-26 气管内有大量黏液

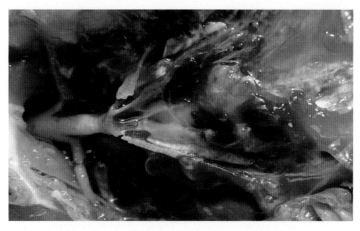

图5-27 支气管内可见淡黄色干酪样栓塞

图 5-28 肾脏肿大，内有大量尿酸盐沉积

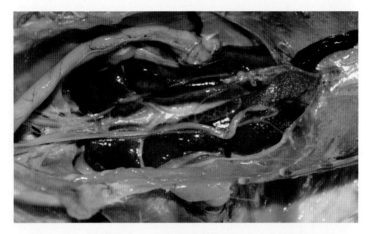

图 5-29 肾脏肿大，输卵管发育不良（135 日龄蛋鸡）

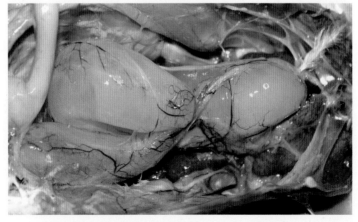

图 5-30 输卵管严重积液（135 日龄蛋鸡）

三、诊　断

根据临诊病史、症状和病变可作出初步诊断，确诊需进行病毒分离和鉴定。

无菌采集急性期病鸡的口咽拭子、气管和肺组织，病料处理后经尿囊腔途径接种 10~11 日龄的鸡胚，孵化至 19 日龄。鸡胚特征性变化是：发育受阻、胚体萎缩成小丸形，羊膜增厚，紧贴胚体，卵黄囊缩小，尿囊液增多等（图 5-31）。鸡胚尿囊液不凝集鸡红细胞，但经磷脂酶 C 处理后，则具有血凝性。病毒鉴定可通过琼脂扩散试验、血凝/血凝抑制试验、RT-PCR 等方法进行。

图 5-31　左为接种病毒后的侏儒胚，右为同日龄未接种病毒的正常胚

四、预防与控制

1. 执行严格的生物安全措施，加强饲养管理，改善环境条件

鸡舍要通风换气，防止过度拥挤，补充适量维生素和矿物质，增强鸡体抗病力。

2. 疫苗接种是防制传染性支气管炎的重要手段

在制订免疫程序时一般于 5~7 日龄用 H120 弱毒疫苗进行初次免疫，25~30 日龄时用 H52 弱毒疫苗进行二次免疫，以后每 2~3 个月用 H52 弱毒疫苗进行加强免疫，在产蛋之前使用灭活疫苗加强免疫。选择与流行毒株血清型/基因型一致的疫苗可提高免疫保护效果。为了避免传染性支气管炎和新城疫的弱毒苗的干扰，两者应同时使用，或在传染性支气管炎弱毒苗使用后间隔 10 天再进行新城疫弱毒苗免疫。

3. 发病鸡群注意保暖、通风换气和带鸡消毒，增加多维素用量，补充钠、钾损失，适当使用抗生素控制继发感染

第四节　传染性喉气管炎

　　传染性喉气管炎是由传染性喉气管炎病毒引起的急性呼吸道疾病。本病可发生于不同年龄的鸡，但以成年鸡的症状最为明显；以喉部和气管黏膜肿胀、出血并形成糜烂为特征，表现为呼吸困难、咳嗽、咳出带血渗出物。本病在易感鸡群内传播快，病死率较高。病鸡和康复后的带毒鸡是主要传染源，康复鸡可长期带毒、排毒。

一、症　状

　　本病的潜伏期为 6～12 天。病鸡的鼻孔有分泌物，呼吸有湿性啰音，继而咳嗽和喘气。严重病例有明显的呼吸困难（图 5-32），咳出带血渗出物（图 5-33），往往死于窒息。病鸡迅速消瘦，鸡冠发紫，有时排绿色稀粪，衰竭死亡。病程 5～7 天或更长，有的逐渐康复，成为带毒者。

图 5-32　呼吸困难，张口伸颈呼吸

图 5-33　笼具上有病鸡咳出的带血痰液

二、病　变

本病的典型病变为喉和气管黏膜充血和出血（图 5-34），覆盖黏性分泌物，形成的干酪样假膜堵塞气管（图 5-35、图 5-36）。炎症也会扩散至支气管、肺和气囊或眶下窦。缓和的病例仅见眼结膜和眶下窦水肿及充血。

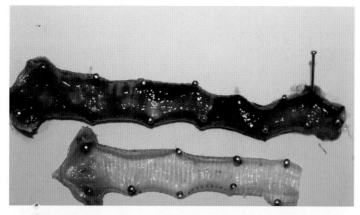

图 5-34　与健康鸡气管（下）相比，病鸡气管（上）黏膜严重出血，气管内有大量黏液

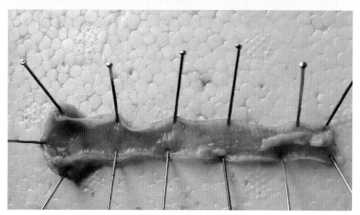

图 5-35　气管内形成的干酪样栓塞

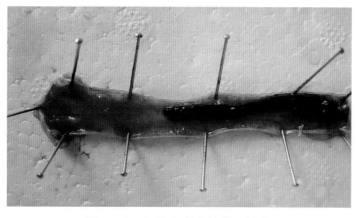

图 5-36　气管内形成的带血栓塞

三、诊　断

根据本病特征性症状和典型病变可作出初步诊断,确诊需进行病原分离和鉴定。取病鸡的喉头、气管黏膜及分泌物,经无菌处理后接种 9~11 日龄鸡胚绒毛尿囊膜;接种 4~5 天后鸡胚死亡,可见绒毛尿囊膜增厚、有灰白色坏死斑(图 5-37)。

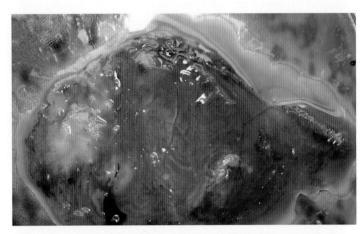

图 5-37　病料接种鸡胚后在绒毛尿囊膜上形成的"痘斑"

四、预防与控制

1. 坚持严格隔离、消毒等措施是防止本病流行的有效方法

易感鸡不能与病愈鸡接触,引进鸡应当经检疫后方可合群。

2. 对易感鸡群进行免疫接种可预防本病

传染性喉气管炎弱毒疫苗一般毒力较强,应严格控制接种量。疫苗接种可造成潜伏感染的带毒鸡,未发生过本病的鸡场不要使用疫苗。

3. 发生本病的鸡场可采用抗菌药物控制继发感染,促进康复

第五节 传染性法氏囊病

传染性法氏囊病是幼鸡的一种急性、高度接触性传染病。本病主要发生于2~15周龄的鸡，其中，3~6周龄的鸡最易感，成年鸡一般呈隐性经过。本病的危害主要表现在两个方面：一是有些传染性法氏囊病毒株可引起较高的死亡率；二是病毒主要侵害法氏囊组织，可导致免疫抑制和各种疫苗的免疫失败。

一、症　状

本病的潜伏期为2~3天，往往突然发生，迅速传播，短时间内出现大量病例。病鸡精神委顿，羽毛蓬松，采食减少，畏寒，腹泻，排出白色水样稀粪（图5-38），泄殖腔周围的羽毛被粪便污染，啄肛。病后期体温低于正常，严重脱水，极度虚弱。鸡群通常在发病后第3天开始出现死亡，5~7天达到高峰，以后很快停歇。

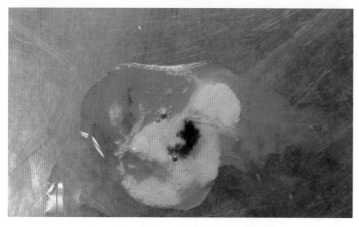

图5-38　腹泻，排出白色水样粪便

二、病　变

病死鸡表现脱水，腿部和胸部肌肉有点状、斑块状出血（图5-39）。法氏囊水肿和出血，体积增大，黏膜皱褶混浊不清（图5-40）；囊内黏液增多，严重时呈黄色胶冻样（图5-41）。发病4天后法氏囊开始萎缩，仅为正常大小的$1/2 \sim 1/5$；颜色变成深灰色，囊壁有坏死灶。肾脏有不同程度的肿胀，肾小管因尿酸盐蓄积可见明显扩张（图5-42）。脾轻度肿胀，表面有均匀的小坏死灶。腺胃与肌胃交界处黏膜有出血带（图5-43）。

图 5-39　胸部和腿部肌肉出血

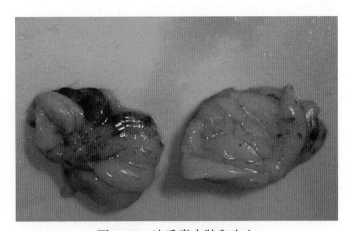

图 5-40　法氏囊水肿和出血

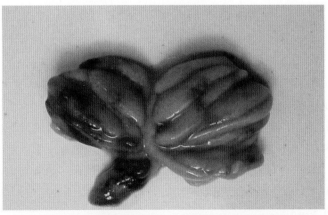

图 5-41　法氏囊出血，黏液呈黄色胶冻样

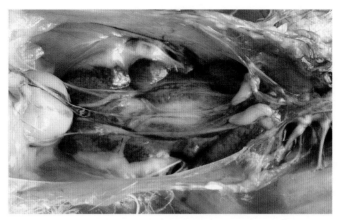

图 5-42 肾脏肿大，肾小管中有尿酸盐沉积

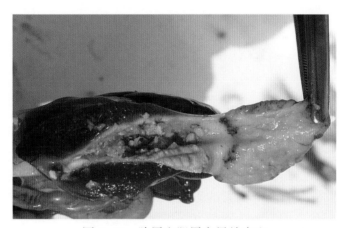

图 5-43 腺胃和肌胃交界处出血

三、诊 断

根据本病特征性的发病年龄、症状和病变等可作出初步诊断。病毒分离鉴定、血清学试验（如琼扩试验）和易感雏鸡接种试验是确诊本病的主要方法。

取典型病例的法氏囊、脾和肾等病料，处理后经绒毛尿囊膜接种 9~12 日龄 SPF 鸡胚。受感染的鸡胚在 3~5 天内死亡，可见胚胎水肿、出血。可用已知阳性血清做中和试验鉴定分离的病毒。

四、预防和控制

1. 加强卫生管理，做好消毒工作，特别应重视育雏室的消毒

由于传染性法氏囊病毒在外界环境极为稳定，为了防止雏鸡早期感染，环境、鸡舍、用具、笼具要进行彻底清扫和冲洗，然后再经 2~3 次消毒后才能进行育雏。

2. 种鸡在 18~20 周龄和 40~42 周龄进行两次灭活疫苗的接种

雏鸡因此可获得整齐的高水平母源抗体，能有效防止早期感染。

3. 雏鸡接种疫苗可预防本病

雏鸡的免疫日龄可以根据母源抗体的消长情况确定，通常在 7~14 日龄进行首次免疫，18~24 日龄再进行二次免疫。

4. 发生本病时，除采取严格的隔离和消毒措施外，可选用高免血清或卵黄抗体进行治疗。同时，配合使用抗生素，防止细菌性疾病继发感染

第六节　马立克氏病

马立克氏病是由马立克氏病毒引起的淋巴细胞增生性肿瘤疾病。马立克氏病毒是细胞结合性疱疹病毒，在鸡的羽毛囊上皮细胞中形成带有囊膜的完整病毒粒子，随脱落的皮屑排出体外。鸡群中外表健康的鸡可长期带毒、排毒，受污染的羽毛、皮屑和灰尘可长期保持传染性，至开产时几乎全群感染病毒。受感染毒株的毒力和剂量、鸡的品种和感染日龄等因素的影响，鸡群的肿瘤发生率变动较大。马立克氏病毒的感染可造成免疫抑制，特别是出雏和育雏室的早期感染可导致很高的雏鸡发病率和死亡率。

一、症　状

本病的潜伏期较长，现场条件下难于确定。种鸡和产蛋鸡常在 0 ~ 20 周龄出现临诊症状。病鸡精神委顿（图 5-44），共济失调，脱水、消瘦（图 5-45）和昏迷，突然死亡。由于受侵害的神经不同，症状表现亦不同。坐骨神经最常受侵害，往往一侧较轻，一侧较重，发生不全麻痹，步态不稳；以后完全麻痹，不能行走；或呈一腿伸向前方，另一腿伸向后方的特征性劈叉姿势（图 5-46）。臂神经受侵后，则发生垂翅。当支配颈部肌肉的神经受侵时，病鸡头下垂或头颈歪斜。迷走神经受侵可引起嗉囊扩张或喘息。有些病鸡虹膜受害，正常色素消失，瞳孔呈同心环状或斑点状以至弥漫性灰白色。

图 5-44 发病鸡精神委顿

图 5-45 病鸡极度消瘦

图 5-46 神经麻痹，呈劈叉姿势

二、病 变

最常见病变在外周神经，包括坐骨神经丛、臂神经丛、腹腔神经丛和内脏大神经。受害神经横纹消失，变为灰白色或黄白色，有时呈水肿样外观，局部或弥漫性增粗可达正常的2～3倍以上。病变常为单侧性，将两侧神经对比有助于诊断（图5-47）。

多个器官和组织中可见大小不等的肿瘤块，灰白色，质地坚硬而致密。有时肿瘤呈弥漫性。最常被侵害的是卵巢，其次为肾、脾、肝、心、肺、胰、肠系膜、腺胃和肠道（图5-48至图5-57）。肌肉和皮肤也可受害。法氏囊和胸腺通常萎缩。

外周神经的组织学变化表现为中、小淋巴细胞和浆细胞炎性浸润，脱髓鞘和雪旺细胞增生，有些病变中出现嗜碱性、嗜哌咯宁、多泡的变性淋巴细胞（MD细胞）。内脏肿瘤主要由中小淋巴细胞、成淋巴细胞、MD细胞组成（图5-58至图5-64）。

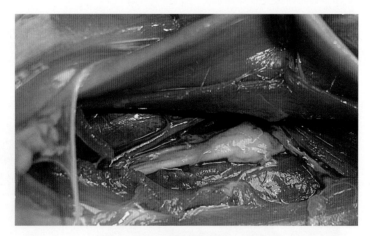

图5-47 坐骨神经肿大，变粗

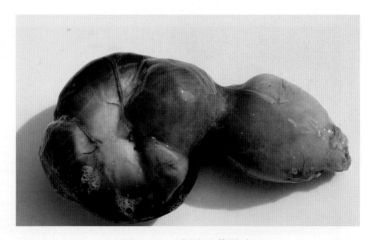

图5-48 腺胃显著肿大

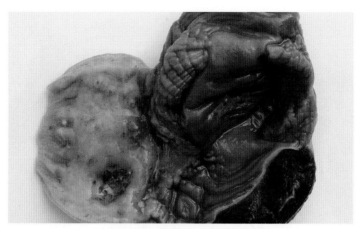

图 5-49　腺胃壁有肿瘤病变

图 5-50　肝脏弥漫性肿瘤

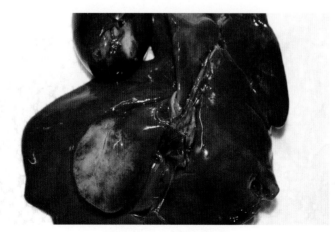

图 5-51　肝脏上有肿瘤结节

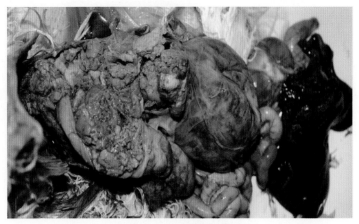

图 5-52　卵巢肿瘤

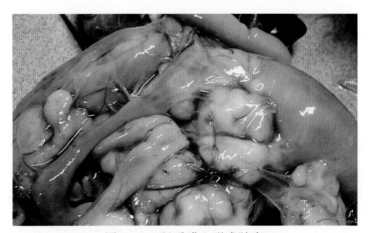

图 5-53　肠系膜上形成肿瘤

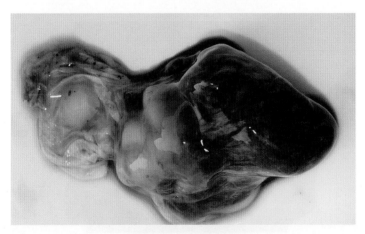

图 5-54　心脏肿瘤

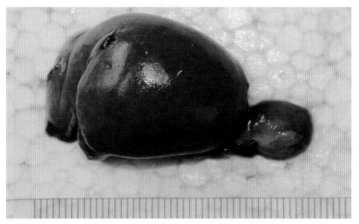

图 5-55　脾脏肿大，弥漫性肿瘤

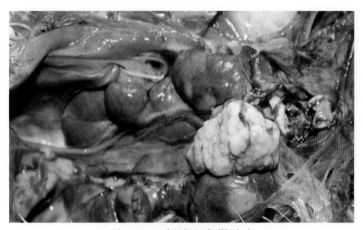

图 5-56　肾脏和卵巢肿瘤

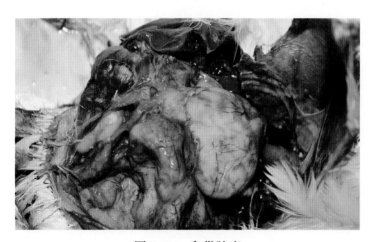

图 5-57　卵巢肿瘤

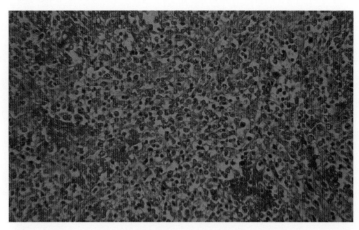

图 5-58　肝脏病理学检查可见大小不等的淋巴细胞样细胞，胞浆较少，细胞核深染（×400）

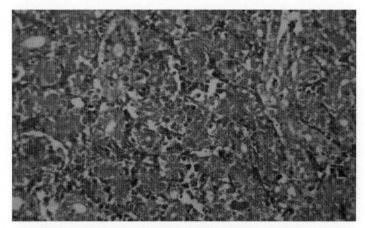

图 5-59　肾脏病理学检查可见大小不等的淋巴细胞样细胞，胞浆较少，细胞核深染（×400）

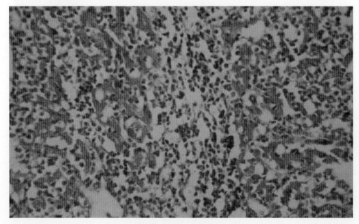

图 5-60　心脏组织学检查可见心肌纤维破坏，之间有大量大小不一的淋巴样肿瘤细胞（×400）

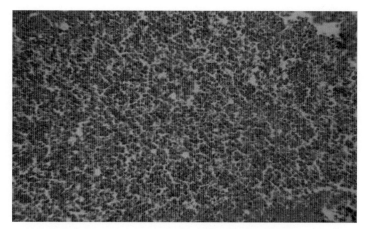

图 5-61　脾脏内可见大量的淋巴细胞样肿瘤细胞浸润（×400）

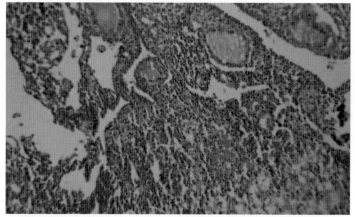

图 5-62　卵巢基本结构被破坏，可见大量的淋巴细胞样肿瘤细胞浸润（×400）

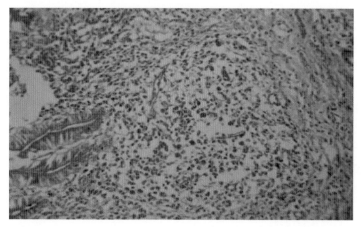

图 5-63　腺胃黏膜层及固有层破坏，可见大量淋巴细胞样肿瘤细胞（×400）

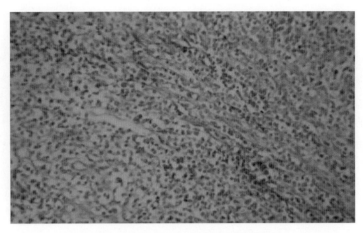

图 5-64　坐骨神经可见大量淋巴细胞样肿瘤细胞（×400）

三、诊　断

马立克氏病毒在鸡群中感染比较普遍，但仅部分鸡发生肿瘤。此外，鸡接种马立克氏病疫苗后仍能感染强毒，但可减少肿瘤发生。因此，是否感染马立克氏病毒不能作为诊断本病的标准。马立克氏病的诊断必须根据流行病学、临诊症状、病理学和特异性肿瘤标记作出。

马立克氏病与淋巴白血病的大体病变很相似，应注意鉴别诊断。马立克氏病毒常侵害外周神经、皮肤、肌肉、虹膜，法氏囊被侵害时发生萎缩；而淋巴白血病则不是这样。马立克氏病肿瘤组织是由中小型淋巴细胞、成淋巴细胞、浆细胞等混合组成；而淋巴白血病的肿瘤组织常由均一的成淋巴细胞组成。

四、预防与控制

1. 雏鸡出壳后立即进行疫苗接种是防制本病的关键

疫苗病毒有 3 类：人工致弱的血清 1 型马立克氏病毒（如 CVI988/Rispens）、自然不致瘤的血清 2 型马立克氏病毒（如 SB1、Z4）和血清 3 型火鸡疱疹病毒（如 FC126）。马立克氏病毒是一种细胞结合性疱疹病毒，血清 1 型和 2 型马立克氏病毒疫苗只能保存在液氮中，疫苗稀释后应尽快用完。血清 3 型火鸡疱疹病毒疫苗则可冻干后冷藏。运输、保存和使用不当可造成疫苗的失活。

2. 防止马立克氏病毒的早期感染对提高疫苗接种效果和减少损失亦起重要作用。因此，必须加强出雏室和育雏鸡的隔离与消毒等措施

第七节　禽白血病

禽白血病是由反转录病毒科的禽白血病/肉瘤病毒群引起的多种肿瘤性疾病的统称，以淋巴白血病最为常见。禽白血病病毒分为 A ~ J 10 个亚群，其中，A、B 和 J 亚群是常见的对鸡有致病性的病毒。禽白血病病毒可由种鸡垂直传播到下一代，也可通过与感染鸡的密切接触而水平传播。鸡群感染禽白血病病毒除能引起少量肿瘤病例外，还会造成免疫抑制、生产性能和蛋品质的下降。

一、症　状

淋巴白血病的潜伏期长，自然病例见于 14 周龄后的鸡。病鸡食欲不振、消瘦、衰弱、鸡冠苍白。腹部常增大，可触摸到肿大的脏器。由 J 亚群禽白血病病毒引起的血管瘤可出现于病鸡的体表，瘤体破裂后出血、结痂。

种鸡的产蛋性能受到严重影响，性成熟推迟，每个产蛋周期少产蛋 20~30 枚，蛋小而壳薄，受精率和孵化率下降。

二、病　变

淋巴白血病的病例在肝、法氏囊、脾、肺、肾、腺胃、性腺、心、骨髓和肠系膜等部位有眼观肿瘤，肿瘤大小不一，可为结节状、粟粒状或弥漫状（图 5-65 至图 5-73）。此外，ALV-J 还可引起血管瘤（图 5-74、图 5-75）、肾瘤、组织肉瘤、纤维肉瘤和淋巴瘤等多种肿瘤。

淋巴白血病肿瘤主要由成淋巴细胞组成，大小虽略有差异，但都处于相同的原始发育状态（图 5-76 至图 5-82）。J 亚群禽白血病的髓细胞瘤组织内可见大量髓细胞或髓样细胞。肿瘤细胞体积较大，核多偏于一侧，呈圆形或椭圆形，偶呈分叶状，胞浆中充盈大量嗜酸性颗粒，并见各个时期的病理分裂相（图 5-83 至图 5-86）。血管瘤血管内皮细胞大量增生，形成密集分布的血管腔（图 5-87），血管腔不断扩大，充满大量血液（图 5-88）。

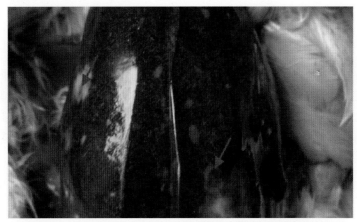

图 5-65　肝脏肿大，表面可见弥漫性的灰白色肿瘤结节

图 5-66　肝脏肿大，表面散在分布大小不等灰白色肿瘤结节

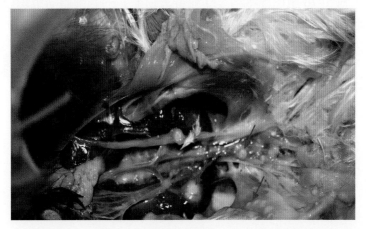

图 5-67　肾脏、输卵管及腹壁可见灰白色肿瘤结节

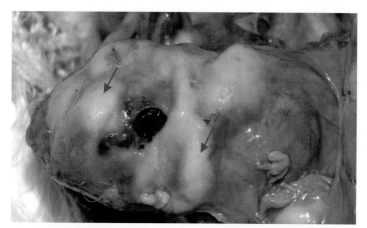

图 5-68　心脏表面散在分布大小不等的灰白色肿瘤结节

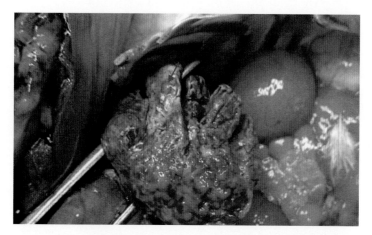

图 5-69　肺脏表面散在分布大小不等的灰白色肿瘤结节

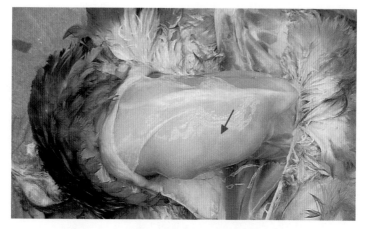

图 5-70　胸肌一侧因形成肿瘤明显肿大

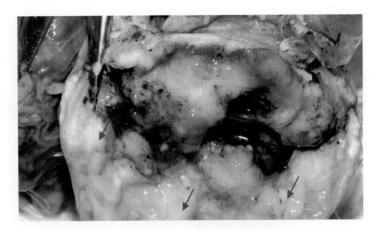

图 5-71　腺胃肿大，黏膜面可见肿瘤结节

图 5-72　腿骨内可见灰白色肿瘤结节

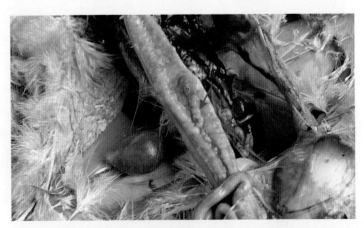

图 5-73　十二指肠下半段黏膜层可见灰白色肿瘤结节

图 5-74　趾间可见血管瘤结节

图 5-75　肝脏表面散在分布大小不一的血管瘤结节

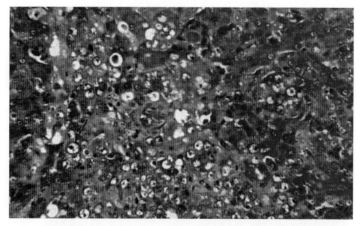

图 5-76　肝脏内可见由大小较一致的成淋巴细胞构成的肿瘤灶，
瘤细胞核呈空泡化，胞浆嗜碱性，HE 染色（×400）

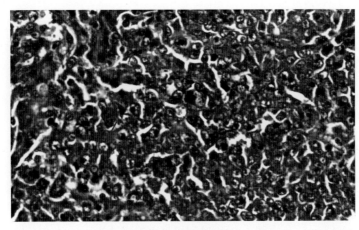

图 5-77　肝脏内可见由大小较一致的成淋巴细胞构成的肿瘤灶，瘤细胞核呈空泡化，
胞浆嗜碱性，HE 染色（×400）

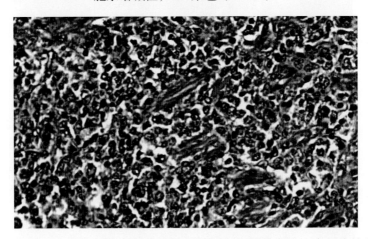

图 5-78　心脏内可见由大小较一致的成淋巴细胞构成 的肿瘤灶，瘤细胞核呈空泡化，
胞浆嗜碱性，HE 染色（×400）

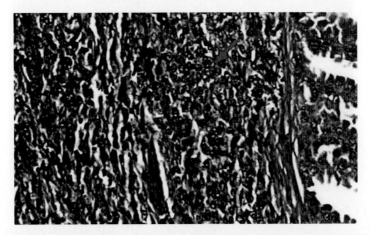

图 5-79　腺胃内可见由大小较一致的成淋巴细胞构成 的肿瘤灶，瘤细胞核呈空泡化，
胞浆嗜碱性，HE 染色（×400）

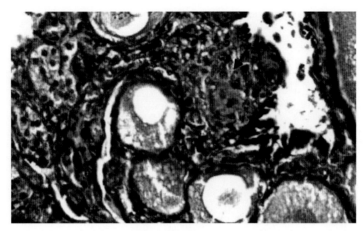

图 5-80　卵巢内可见由大小较一致的成淋巴细胞构成的肿瘤灶，瘤细胞核呈空泡化，
胞浆嗜碱性，HE 染色（×400）

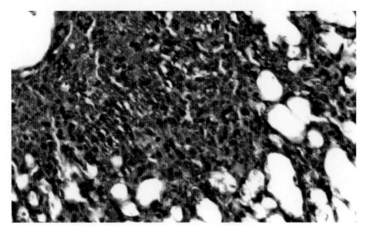

图 5-81　肺脏内可见由大小较一致的成淋巴细胞构成的肿瘤灶，HE 染色（×400）

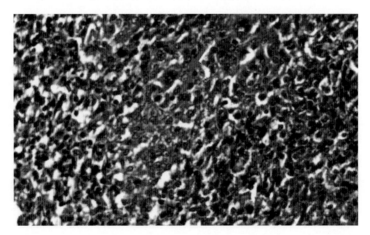

图 5-82　脾脏内可见由大小较一致的成淋巴细胞构成的肿瘤灶，瘤细胞核呈空泡化，
胞浆嗜碱性，HE 染色（×400）

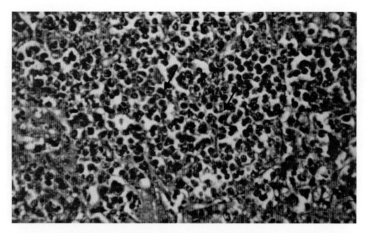

图 5-83　肝脏内可见由大小较一致的髓细胞构成的肿瘤灶，
瘤细胞胞浆内可见强嗜伊红颗粒，HE 染色（×400）

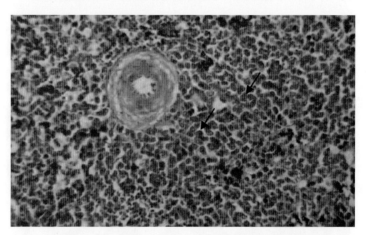

图 5-84　脾脏内可见由大小较一致的髓细胞构成的肿瘤灶，
瘤细胞胞浆内可见强嗜伊红颗粒，HE 染色（×400）

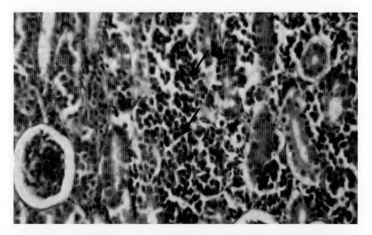

图 5-85　肾脏内由大小较一致的髓细胞构成的肿瘤灶，
瘤细胞胞浆内可见强嗜伊红颗粒，HE 染色（×400）

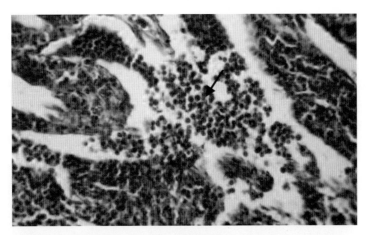

图 5-86　卵巢内由大小较一致的髓细胞构成的肿瘤灶，
瘤细胞胞浆内可见强嗜伊红颗粒，HE 染色（×400）

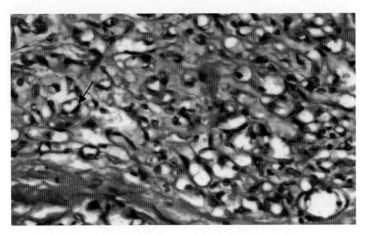

图 5-87　皮肤血管瘤，血管内皮细胞大量增生，
形成密集分布的血管腔，HE 染色（×400）

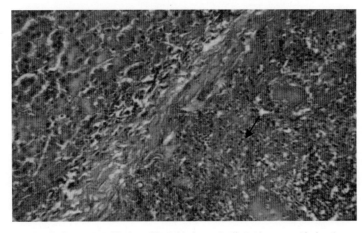

图 5-88　肝脏内可见血管瘤，管腔较大，充满血液，HE 染色（×400）

三、诊　断

根据流行病学、临床症状和病理变化可作出初步诊断。

禽白血病病毒可用无内源性病毒感染的DF1细胞系分离,待检样品为血浆、蛋清。检测禽白血病病毒的群特异抗原(p27)、亚群特异抗体的ELISA试剂盒已经商品化。免疫荧光试验(图5-89)和PCR方法亦可用于病毒及其核酸的检测。

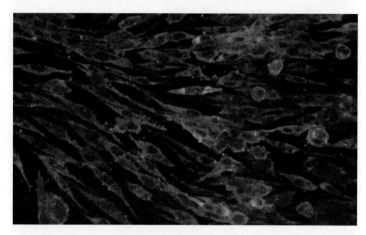

图 5-89　J 亚型白血病病毒接种 DF1 细胞后第 5 天间接免疫荧光试验检测结果

四、预防与控制

1. 通过检测和淘汰带毒种鸡,减少种鸡群的感染率和建立无禽白血病的种鸡群是防制本病最有效措施。商品雏鸡应来源于无禽白血病的种鸡群

2. 在种蛋孵化和育雏之前,对孵化器、出雏器、育雏室进行彻底清扫消毒,均有助于减少来自先天因素对种蛋的感染

3. 防止使用有禽白血病病毒污染的弱毒疫苗

第八节　网状内皮组织增生症

网状内皮组织增生症是由网状内皮组织增生症病毒(REV)引起的肿瘤性疾病,在商品鸡群中呈散在发生。REV既可通过水平传播,也可通过鸡胚垂直传播。接种受 REV 污染的疫活苗会引起免疫抑制,发生以法氏囊和胸腺萎缩、羽毛发育异常为特征的矮小综合征;这样的疫苗如在幼龄时经注射途径使用则可造成严重的经济损失。

一、症状与病变

发生肿瘤的病禽可见肝（图5-90）、脾肿大，伴有局灶性或弥散性肿瘤细胞浸润，病变还常见于腺胃（图5-91、图5-92）、胰、心、肾和性腺。组织学变化以空泡样淋巴网状内皮细胞的浸润和增生为特征。

发生矮小综合征的病禽表现明显的发育迟缓和消瘦苍白，羽毛粗乱和稀少。胸腺和法氏囊萎缩、外周神经肿大、羽毛发育异常、肠炎和肝脾坏死等。

图 5-90　肝脏表面有弥漫性肿瘤病灶

图 5-91　腺胃外观极度肿大

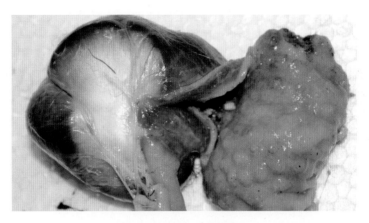

图 5-92　腺胃壁水肿

二、诊　断

根据症状与病变可以做出初步诊断，但确诊还需要进一步证明 REV 或抗 REV 抗体的存在。病毒分离可用病禽的组织、全血、血浆等接种易感的组织培养物，经免疫荧光试验进行病毒检测（图 5-93）。以 PCR 方法扩增 REV 的 LTR 核苷酸片段以检测前病毒 DNA，是检查 REV 的敏感而特异的方法，可用于肿瘤诊断和确定疫苗是否污染 REV。

图 5-93　用间接免疫荧光试验检测病料

三、预防与控制

1. 本病的防制措施可参照禽白血病
2. 为防止疫苗污染造成大批发病，应加强对马立克氏病疫苗和鸡痘疫苗的监测

第九节　禽呼肠孤病毒感染

禽呼肠孤病毒的感染可引起鸡病毒性关节炎/腱鞘炎、矮小综合征、呼吸道疾病、肠道疾病、免疫抑制和吸收不良综合征等多种疾病，以病毒性关节炎/腱鞘炎最为常见。禽呼肠孤病毒主要经水平传播，而经种蛋垂直传播的效率较低。1日龄雏鸡对禽呼肠孤病毒最易感，而至2周龄时已开始建立年龄相关抵抗力。

一、症状与病变

病毒性关节炎/腱鞘炎最常发生于4～8周龄的鸡，病鸡可见不同程度的跛行。跗关节和腱鞘肿胀（图5-94、图5-95），关节腔内常含有黄色的炎性渗出液或脓性渗出物（图5-96）。严重病例可见腓肠肌断裂。

有些鸡群的临诊症状不明显，但增重慢，饲料转化率低，死淘率偏高。剖检可见腺胃增大和出血，卡他性肠炎，肝脏表面有大小不一的白色坏死灶（图5-97）。

图5-94　病鸡关节肿大

图5-95　1日龄SPF鸡的脚垫内接种病毒，一个月后出现关节炎症状

图 5-96　病鸡肌腱出血

图 5-97　病鸡肝脏表面可见白色坏死灶

二、诊　断

　　根据症状和病变可作出病毒性关节炎的初步诊断，但要注意与细菌性和支原体性滑膜炎相区别。

　　禽呼肠孤病毒的分离可用 9～10 日龄鸡胚，初次分离以卵黄囊接种为佳；接种 3～5 天后胚胎死亡，皮下出血，体表变紫（图 5-98）。病毒的致病性可通过接种 1 日龄易感雏鸡的足垫得到证实，接种后 72 小时引起显著炎症。

三、预防与控制

1. 加强环境卫生和消毒

　　在将感染鸡群清理后，应做好鸡舍的彻底清洗消毒，对于防止下批鸡群的感染具有重要的意义。0.5% 有机碘和 5% 过氧化氢溶液可有效地杀灭禽呼肠孤病毒。

2. 做好免疫接种

种鸡接种疫苗可提供对雏鸡的早期保护，而且对病毒的垂直传播有限制作用。如种鸡未进行免疫，也可于 1 日龄对雏鸡接种疫苗，但应注意有些活疫苗毒株（如 S1133）对马立克氏病疫苗有干扰作用。

图 5-98　病毒经绒毛尿囊膜途径接种 SPF 鸡胚，引起鸡胚死亡、皮下出血、肝脏肿大和坏死

第十节　禽脑脊髓炎

禽脑脊髓炎是一种主要侵害雏鸡中枢神经系统的病毒性传染病。垫料等污染物是主要传染源，可通过消化道传播，也可垂直传播。各种年龄的鸡对禽脑脊髓炎病毒均有易感性，以 3 周龄内雏鸡的易感性最高。本病有明显的年龄抵抗力，2~3 周龄后感染者很少出现临诊症状。雏鸡发病后表现为共济失调，头颈肌肉震颤、两肢轻瘫和不完全麻痹；母鸡表现为产蛋量急速下降。

一、症　状

潜伏期为 1 ~ 7 天，自然发病通常在 1 ~ 2 周龄。发病雏鸡最初表现两眼呆滞，随后发生渐进性共济失调，头颈颤抖明显；共济失调加重时，常坐于脚踝，或倒卧一侧，最终虚脱死亡（图 5-99、图 5-100）。成年鸡感染可发生暂时性产蛋量下降 (5% ~ l0%)，但不出现神经症状。

图 5-99　共济失调，头颈反折

图 5-100　精神沉郁，头颈扭曲，共济失调

二、病　变

本病唯一的眼观变化是病雏的肌胃有带白色的区域，它由浸润的淋巴细胞团块所致，但该变化易被忽略。主要的组织学变化是非化脓性脑脊髓炎（图 5-101），肌胃、腺胃肌壁有密集淋巴细胞灶（图 5-102）。

三、诊　断

以本病特有的流行特点和临诊症状可做出初步诊断。在鉴别诊断时需与新城疫和维生素缺乏症相区别。

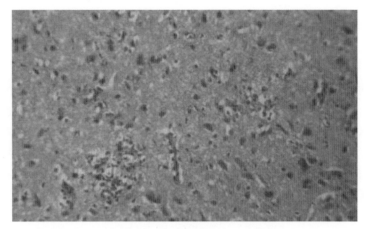

图 5-101　大脑神经胶质细胞浸润，HE 染色（×400）

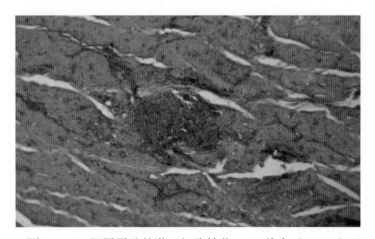

图 5-102　肌胃胃壁的淋巴细胞结节，HE 染色（×200）

实验室诊断时，取脑、胰或十二指肠，接种来自易感鸡群 5~7 日龄鸡胚卵黄囊，待孵化出壳后继续观察 10 天，看是否出现本病相应的症状。有症状时取病鸡脑、胰和腺胃检查显微变化或用荧光抗体法检查病毒抗原。

四、预防与控制

1. 不从有该病的地区引进种鸡、种蛋，防止疾病的传入

2. 种鸡群在开产前 4 周接种疫苗，保证其在性成熟后不被感染，以防止病毒通过蛋源垂直传播

母源抗体又可保护雏鸡在 2~3 周龄内不受感染。

3. 发病雏鸡和病愈雏鸡的生长发育受到影响，应将其淘汰

第十一节　鸡传染性贫血

鸡传染性贫血是由鸡传染性贫血病毒引起的免疫抑制性疾病，其特征是再生障碍性贫血症，全身淋巴组织萎缩。本病的易感性随日龄的增长而下降，自然病例多见于2~4周龄鸡，有混合感染时发病可超过6周龄。由本病造成的免疫抑制，一方面增加了对其他疾病的易感性；另一方面降低了疫苗的效力，特别是马立克氏病疫苗的免疫。垂直传播是本病主要的传播方式，母鸡感染后3~14天内种蛋带毒，带毒的鸡胚出壳后发病和死亡。本病也可通过消化道及呼吸道传播，鸡感染后5~7周内粪便中存在高浓度病毒。

一、症　状

潜伏期为8~12天。病鸡精神委顿，发育受阻，贫血，皮肤出血。有的皮下出血，可能继发坏疽性皮炎。血液学检查，红细胞和血红素明显降低，红细胞压积值降至低于20%（图5-103）。血液中出现幼稚型红细胞，细胞核肿大，核仁明显，核内出现嗜酸性包涵体，吞噬细胞内有变性的红细胞。死亡率低的为10%，亦可高达60%。

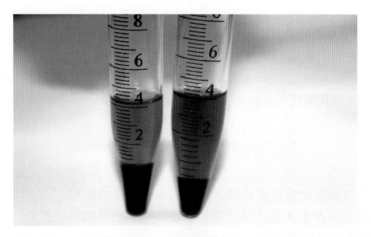

图5-103　发病鸡红细胞压积值显著降低（左侧为健康对照）

二、病　变

　　全身性贫血，血液稀薄。胸腺、骨髓萎缩，退化（图5-104）。股骨骨髓脂肪化、呈淡黄红色，导致再生障碍性贫血（图5-105）。部分病例出现法氏囊萎缩。肝肿大发黄或有坏死斑点。腺胃黏膜出血，严重贫血病例可见肌肉（图5-106）和皮下出血。

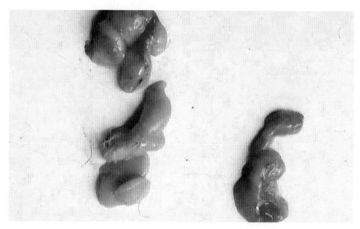

图 5-104　发病鸡胸腺萎缩（左侧为健康对照）

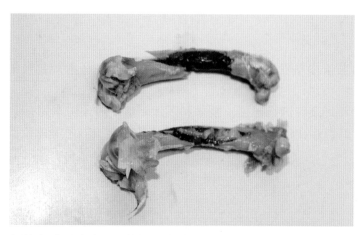

图 5-105　与健康对照鸡（上）相比，发病鸡股骨骨髓脂肪化、呈淡黄红色（下）

图 5-106　发病鸡胸肌出血

三、诊　断

根据临诊症状和病理变化一般可做出初步诊断。但要注意与原虫病、黄曲霉毒素中毒及服用过量磺胺等导致的再生障碍性贫血相区别。

病毒分离可采用 MDCC-MSBl 等肿瘤细胞系，以肝脏悬液加等量氯仿处理后接种细胞系。PCR 可用来检测感染细胞、组织和疫苗中的病毒 DNA。

四、预防与控制

1. 由于疫苗价格昂贵，仅适用于某些种鸡群，而对一般鸡群只能依靠综合性防制措施

2. 在 SPF 鸡场及时进行检疫，剔除和淘汰阳性鸡对预防本病有十分重要的意义

如果 SPF 鸡群存在本病，则用 SPF 鸡胚及其细胞培养所制的疫苗会造成病毒的大范围传播。

第十二节 鸡 痘

鸡痘是由鸡痘病毒引起的一种急性、接触性传染病。本病可在皮肤上形成痘疹和结痂，在口腔和咽喉黏膜产生纤维素性、坏死性炎症。鸡痘病毒主要经脱落的痘痂传播，亦可经蚊子和体表寄生虫传播，损伤的皮肤和黏膜是感染途径。本病可造成鸡生长迟缓，产蛋减少。如在拥挤、通风不良等情况下，加上继发其他疾病，可加重病情，并导致雏鸡大批死亡。

一、症状与病变

本病的潜伏期4~8天。依病变部位不同，分为皮肤型、黏膜型和混合型。

皮肤型：以冠、肉髯、喙角、眼皮和耳球等头部皮肤上形成痘疹为特征（图5-107），痘疹有时见于腿、脚、泄殖腔和翅内侧。起初出现灰色麸皮状覆盖物，迅速长出灰色至黄灰色结节，有时结节互相融合成大块厚痂。本病一般无明显全身症状，但病重的鸡则有精神委靡，食欲消失，体重减轻等；产蛋鸡产蛋量减少或停止产蛋。

黏膜型：多发于雏鸡，病死率可达50%。病初呈鼻炎症状，流黏性至脓性鼻汁，如蔓延至眶下窦和眼结膜，则眼睑肿胀，结膜充满脓性或纤维蛋白渗出物。鼻炎出现2日后，口腔、咽喉等处黏膜发生痘疹，初呈圆形黄色斑点，痂块不易剥落，强行撕脱，则留下易出血的表面。若假膜深达喉部，则引起呼吸和吞咽困难，甚至窒息而死。

混合型：即皮肤、黏膜均被侵害（图5-108）。

图 5-107 皮肤型鸡痘，病鸡鸡冠和肉髯受到侵害

图 5-108　混合型鸡痘，皮肤和黏膜均受到侵害

二、诊　断

皮肤型和混合型鸡痘的症状很有特征，不难诊断。

对单纯的黏膜型鸡痘可采用病料接种易感鸡进行确诊。取痘疹或口腔中假膜等病料作 1:5～1:10 稀释，以消毒针头蘸少许病料划破健康易感鸡的冠、肉髯或皮肤；如有痘病毒存在，被接种鸡在 5～7 日内出现典型的皮肤痘疹症状。

三、预防与控制

1. 新引进的鸡须隔离观察，证明无病方可合群

发病后，应隔离病鸡，病重者淘汰，病死鸡深埋或焚烧，环境、用具严格消毒。隔离的病鸡在完全康复 2 个月方可合群。

2. 预防接种

用鸡痘弱毒苗经皮肤刺种免疫。初次免疫可在 10～20 日龄，第二次免疫在产蛋前进行。

第十三节　产蛋下降综合征

产蛋下降综合征由禽腺病毒 III 群中的 EDS$_{76}$ 病毒引起，主要表现为鸡群产蛋量骤然下降、软壳蛋和畸形蛋增加、蛋壳颜色变淡。本病主要侵害 26～32 周龄鸡，35 周龄以上鸡较少发病。

一、症状与病变

本病主要表现为群体性产蛋下降，无其他明显临床症状。发病初期蛋壳颜色变淡，随后出现软壳蛋和粗壳蛋，蛋壳变薄、易破损（图 5-109、图 5-110）。产蛋量下降幅度可达 10%～50%，持续 4～6 周；以后虽逐渐恢复，但难以回升到原来的水平。

本病一般无明显病变。有时可见卵巢萎缩，输卵管和子宫黏膜轻度水肿（图 5-111）。

图 5-109　发病鸡群产出的软壳蛋

图 5-110　发病鸡群产出的粗壳蛋和畸形蛋

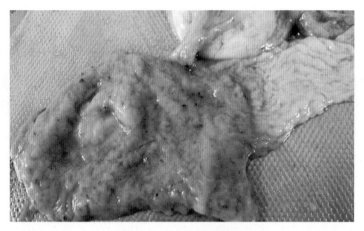

图 5-111　输卵管水肿

二、诊　断

根据流行病学特征和症状可作出诊断。确诊需要进行病毒分离和鉴定，方法为采集发病鸡的输卵管、泄殖腔、肠内容物和粪便等样品，无菌处理后经尿囊腔途径接种腺病毒抗体阴性的 10 ~ 12 日龄鸭胚。初次分离时，病毒对鸭胚的致死率较低，随着传代次数增加，鸭胚死亡数逐渐增多。由于病毒能凝集鸡、鸭、鹅、鸽的红细胞，因此可通过血凝和血凝抑制试验进行病毒鉴定。

三、预防与控制

1. 加强检疫，防止病毒引入

由于本病主要是经种蛋垂直传播，所以，应注意从非疫区引种。种鸡引进后要严格隔离饲养，产蛋后经血凝抑制试验确认抗体阴性才能留作种用。

2. 严格执行兽医卫生措施

加强鸡场、孵化厅、车辆和用具的消毒工作。禽腺病毒的自然宿主为鸭、鹅和野生水禽，因此，要杜绝鸡群与水禽的接触。

3. 种鸡和蛋鸡在开产前 2~4 周进行免疫接种

接种油佐剂灭活疫苗可起到良好的保护作用，免疫后 7 ~ 10 天可检测到抗体，免疫期 10 ~ 12 个月。

第十四节　包涵体肝炎

鸡包涵体肝炎又称贫血综合征，是由禽腺病毒 I 群的包涵体肝炎病毒引起的急性传染病，以严重贫血、黄疸、肝出血和坏死、肝细胞有核内包涵体为特征。本病多发于 4 ~ 10 周龄的仔鸡，成年鸡和产蛋鸡很少发生。主要通过污染种蛋垂直传播，也可经污染的环境、用具等水平传播。

一、症　状

本病的潜伏期较短，突然发病，3 ~ 4 天到达死亡高峰，6 ~ 7 天后死亡减少或逐渐停止。病鸡表现为精神沉郁，呈蜷曲姿势，食欲减退或消失，拉白色水样稀粪；严重贫血或黄疸，鸡冠肉髯苍白或黄染。产蛋鸡的产蛋量下降或影响蛋壳质量。

二、病　变

肝肿大、苍白、质脆易碎，表面和切面上有点状或斑状出血（图 5-112），并见有隆起的坏死灶；肾脏肿大，苍白，表面多有出血点（图 5-113）；脾有白色斑点和环状坏死；有些病例可见心包积液；骨髓呈灰白色或黄色。

组织学变化是肝脏脂肪变性和肝细胞内有嗜碱性或嗜酸性包涵体，包涵体边界清晰，大而圆或形状不规则（图 5-114）。

图 5-112　肝脏肿胀，质脆，有出血斑或出血点

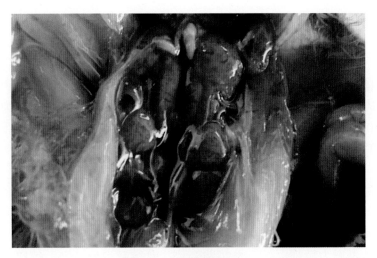

图 5-113　肾肿胀，出血

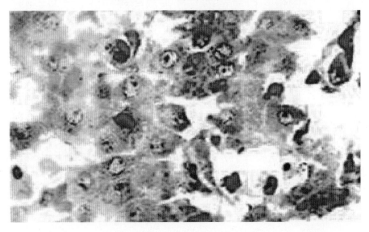

图 5-114　肝细胞核内包涵体

三、诊　断

依据本病的流行特点、主要症状和病变特征可做出初步诊断，确诊需进行实验室诊断。

取病鸡的肝组织，处理后经卵黄囊接种于 5 日龄 SPF 鸡胚，5～10 天后鸡胚死亡，可见胚胎出血、肝坏死。

四、预防与控制

1. 种群净化
如果连续几批鸡出现病例，则需要对种鸡群进行净化。

2. 平时要加强饲养管理，杜绝传染源传入
加强免疫抑制性病的防控，消除应激因素，在饲料中补充微量元素和维生素以增强鸡的抵抗力。

第六章　寄生虫疾病

第一节　球虫病

鸡球虫病是由柔嫩艾美耳球虫、毒害艾美耳球虫、堆型艾美耳球虫、巨型艾美耳球虫、布氏艾美耳球虫、和缓艾美耳球虫、早熟艾美耳球虫中的一种或数种引起的消化道原虫病。本病多见于地面平养的鸡群，在3~6周龄雏鸡中可呈暴发性流行，多于温暖潮湿的季节发生，但舍饲鸡场一年四季均可发生。

一、症　状

根据病程长短可分为急性和慢性两型。

1. 急性型

又可分为盲肠球虫病和小肠球虫病，前者由柔嫩艾美耳球虫引起，后者由毒害艾美耳球虫引起。

①盲肠球虫病：多见于雏鸡。病初表现为不饮不食，精神沉郁，羽毛松乱，下痢，血便，甚至排出鲜血（图6-1）。病鸡拥簇成堆，战栗。发病后期发生痉挛和昏迷，不久即告死亡。

②小肠球虫病：通常发生于2月龄以上的中雏鸡。鸡饮、食欲废绝，精神不振，双翅下垂，排带血的粪便或血便（图6-2），卧地弓背或尾羽上撅后很快死亡。

2. 慢性型

由除柔嫩艾美耳球虫和毒害艾美耳球虫以外的其他种类鸡球虫引起。病鸡食欲减少，间歇性下痢，饲料转化率下降，产蛋量减少，偶有死亡。

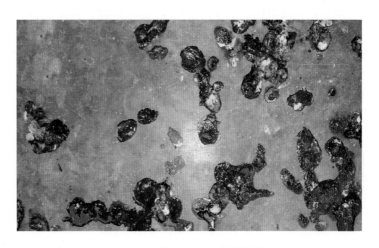

图6-1　鸡球虫病引起的血便（柔嫩艾美耳球虫）

97

图 6-2　鸡球虫病引起的血便（毒害艾美耳球虫）

二、病　变

剖检病变主要在肠道，病变程度和部位与球虫种类有关。

1. 柔嫩艾美耳球虫

病变发生在盲肠。在急性型病例，两侧盲肠显著肿大，外观呈酱油色或暗红色，肠腔内充满凝固新鲜暗红色的血液，盲肠上皮增厚或脱落。稍后死亡的病例，盲肠质地较正常坚实，肠腔内充满由血凝块、坏死物质及炎性渗出物凝固形成的栓子，称为"肠芯"，盲肠壁增厚，有坏死溃疡病灶（图 6-3、图 6-4）。

2. 毒害艾美耳球虫

病变主要发生在小肠中段，肠管高度肿胀，显著充血、出血和坏死。肠壁增厚，肠内容物中含有多量的血液、血凝块和脱落的黏膜（图 6-5、图 6-6）。

3. 堆型艾美耳球虫

病变主要发生在十二指肠。轻度感染时，病变局限于十二指肠袢，呈散在局灶性灰白色病灶，横向排列呈梯状。严重感染时，可引起肠壁增厚和病灶融合成片（图 6-7）。

4. 巨型艾美耳球虫

病变主要发生在小肠中段，为出血性肠炎，肠管扩张，肠壁增厚、充血和水肿，肠内容物为黏稠的液体，呈黄色或橙色，有时混有细小血凝块（图 6-8）。

5. 布氏艾美耳球虫

病变主要发生在小肠下段和直肠，引起卡他性肠炎，偶见有肠黏膜脱落物和凝固的血性渗出物所形成的肠芯，肠黏膜有出血点，肠壁增厚。

6. 和缓艾美耳球虫

寄生在小肠前半段，致病力弱，病变一般不明显。对增重与饲料转化率有较大影响。

7. 早熟艾美耳球虫

寄生于小肠前 1/3 部位，致病力弱，病变一般不明显。严重感染时可引起饲料转化率的降低。

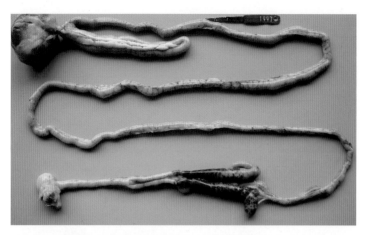

图 6-3　柔嫩艾美耳球虫引起的病变（a）

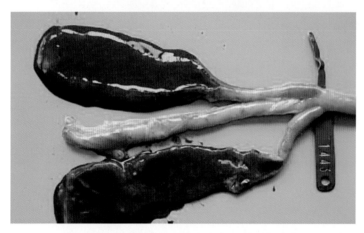

图 6-4　柔嫩艾美耳球虫引起的病变（b）

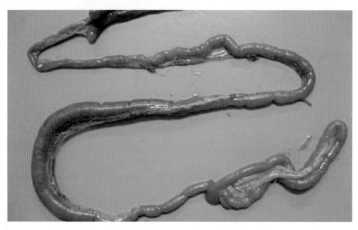

图 6-5　毒害艾美耳球虫引起的病变（a）

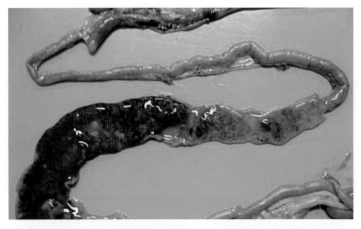

图6-6　毒害艾美耳球虫引起的病变（b）

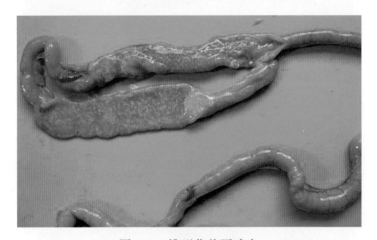

图6-7　堆型艾美耳球虫

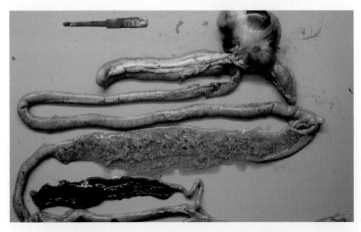

图6-8　巨型艾美耳球虫引起的病变

三、诊　断

刮取病死鸡肠黏膜，镜检可见大量的裂殖体或裂殖子（图6-9）；或者可用饱和盐水漂浮法或直接涂片法检查粪便，见有大量球虫卵囊（图6-9）。由于鸡的带虫现象非常普遍，所以，仅在肠黏膜刮取物和粪便中检获卵囊及各发育阶段虫体，不足以作为鸡球虫病的诊断依据。正确的诊断必须根据临床症状、流行病学资料、病理变化、病原学检查等多方面因素加以综合判断。

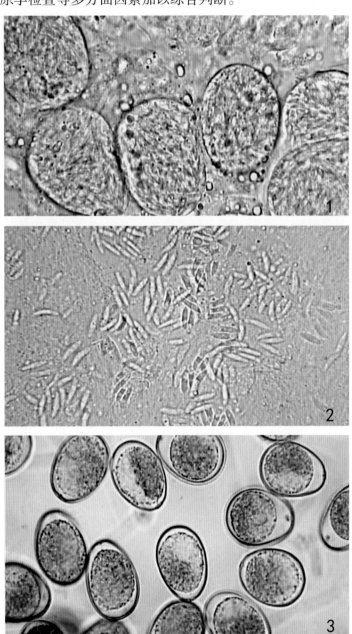

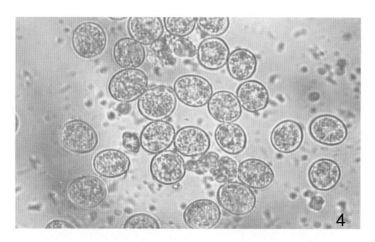

图 6-9　诊断鸡球虫病时可查见的虫体（×400）
1.裂殖体；2.裂殖子；3、4.未孢子化卵囊

四、预防与控制

1. 药物防治

氨丙啉、氯羟吡啶、尼卡巴嗪、地克珠利、马杜霉素、莫能菌素、盐霉素、甲基盐霉素、拉沙菌素等药物可以混入饲料或饮水中，用于球虫病的预防。为了防止抗药虫株的产生，应采用轮换用药和穿梭用药方案。

暴发球虫病的鸡群，应立即进行治疗。常用的治疗药物有：

① 氨丙啉：按 0.012 % ~ 0.024 % 混入饮水，连用 3 天。

② 妥曲珠利：又名百球清，按 0.0025 % 混入饮水，连用 3 天。

③ 磺胺类药物：如磺胺间甲氧嘧啶、磺胺二甲基嘧啶、磺胺氯吡嗪等，按一定浓度混入饲料或饮水给药。

2. 免疫预防

现有数种商品化的鸡球虫病疫苗，均为活虫苗，包括活毒苗和活弱毒苗两大类。球虫苗通过饲料或饮水免疫 1~10 日龄的雏鸡，主要用于种鸡和后备母鸡。

3. 饲养管理

鸡舍保持适当温度和光照，通风良好，饲养密度适当；及时清理鸡舍和运动场的鸡粪，并作堆积发酵处理，杀灭卵囊；幼鸡与成年鸡分开饲养，以减少感染机会；增加或补充饲料中维生素 A 和维生素 K 的含量，病死鸡和淘汰鸡应妥善处理。

第二节　组织滴虫病

组织滴虫病是由火鸡组织滴虫寄生于鸡的盲肠和肝脏引起的疾病，又称盲肠肝炎或黑头病。本病多见于地面平养的鸡群，一年四季均可发生，但在温暖潮湿的夏季发生较多。4~6周龄的雏鸡最易感染、死亡率也高，成年鸡多呈带虫状态。异刺线虫是组织滴虫的传播媒介，蚯蚓、蚱蜢、土鳖虫及蟋蟀等节肢动物能充当机械性媒介。

一、症　状

潜伏期7~12天，病程1~3周。病鸡呆立，翅下垂，步态蹒跚，眼半闭，头下垂，食欲缺乏，下痢，排出淡黄色或淡绿色的恶臭粪便。严重的急性病例，排出的粪便带血。部分病鸡的冠、肉髯发绀，呈暗黑色，因而有"黑头病"之称。

二、病　变

剖检见一侧或两则盲肠肿胀，充满浆液性或出血性渗出物，渗出物常形成干酪状的肠芯；间或盲肠穿孔，引起腹膜炎。肝脏肿大，出现呈圆形或不规则形状、中央稍凹陷、边缘稍隆起、淡黄色或淡绿色的坏死病灶，大小和多少不定，散在或密布于整个肝脏表面（图6-10，图6-11）。

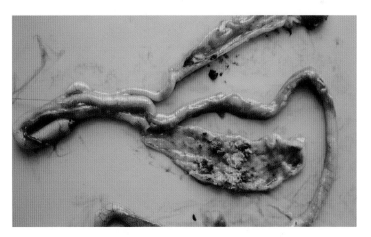

图6-10　火鸡组织滴虫经起的大体病变（盲肠病变）

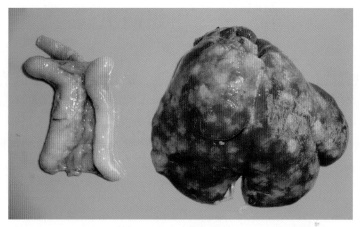

图 6-11　大鸡组织滴虫引起的大体病变（肝脏与盲肠病变）

三、诊　断

本病的病变较为典型，据此可作出初步诊断。用 40 ℃的温生理盐水稀释盲肠内容物，做悬滴标本镜检，或取病变肝脏组织制作组织切片镜检，发现虫体即可确诊（图 6-12，图 6-13）。

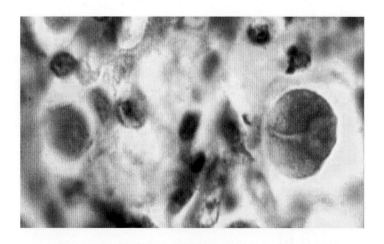

图 6-12　火鸡组织滴虫组织型虫体（×1000）

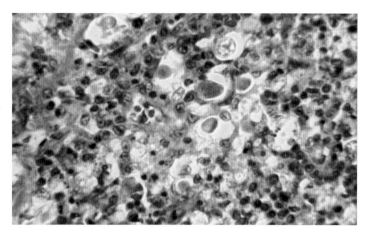

图 6-13　火鸡组织滴虫引起的肝脏组织病变（×400）

四、预防与控制

由于本病的传播主要依靠异刺线虫，因此，定期驱虫是防治本病的根本措施。此外，雏鸡与成年鸡要分开饲养，出现病鸡应立即隔离治疗。

第三节　住白细胞虫病

鸡住白细胞虫病是卡氏住白细胞虫或沙氏住白细胞虫寄生于鸡的血液细胞和组织细胞内所引起的疾病，能影响产蛋鸡的生长发育及产蛋性能，甚至引起死亡。本病的传播媒介是吸血昆虫蚋和蠓，故流行有较明显的季节性，在我国南方常呈地方性流行。

一、症　状

潜伏期为 6～10 天。病初体温升高，食欲不振，精神沉郁，流口涎，下痢，粪便呈绿色。特征性症状是死前口流鲜血，贫血，鸡冠和肉垂苍白（图 6-14），常因呼吸困难而死亡。成年鸡感染后病情较轻，呈现鸡冠苍白、消瘦、拉水样的白色或绿色稀粪，发育受阻，产蛋率下降，甚至停产。

图 6-14　鸡住白细胞虫病——鸡冠苍白贫血，有散在的红色小结节

二、病　变

死后剖检特征为全身性出血，肝脾肿大，血液稀薄，尸体消瘦，鸡冠苍白。全身皮下出血，肌肉尤其是胸肌、腿肌、心肌有大小不等的出血点，各内脏器官肿大出血，尤其是肾、肺出血最严重；胸肌、腿肌、心肌和肝脾等器官上出现白色小结节，针尖至粟粒大小，与周围组织有显著的界限（图 6-15）。肠黏膜有时有溃疡病灶。

图 6-15　鸡住白细胞虫病——胸部肌肉有少量散在红色小结节

三、诊　断

根据流行病学、临床症状和剖检病变作出初步诊断。

从鸡的翅下小静脉或鸡冠采血一滴，涂成薄片后用瑞氏或姬氏液染色；或取内脏器官上的小结节，压片镜检，发现配子体或裂殖体（图 6-16）即可确诊。

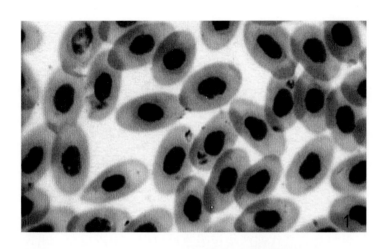

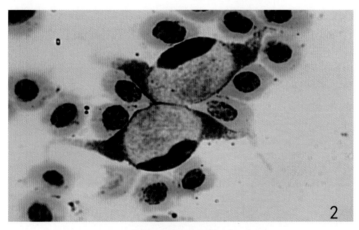

图 6-16 住白细胞虫虫体（×1000）
1.卡氏住白细胞虫裂殖子；2.沙氏住白细胞虫配子体

四、预防与控制

1. 预防

在本病流行季节，对鸡舍内外，每隔 6~7 天喷洒杀虫剂，以减少蚋、蠓的侵袭。也可在饲料中添加磺胺二甲氧嘧啶、磺胺喹噁啉、乙胺嘧啶等药物进行预防。

2. 发现病鸡，立即隔离治疗

可选用药物：磺胺二甲氧嘧啶，按 0.05 % 饮水 2 天，后用 0.03 % 继续饮水 2 天；磺胺二甲氧嘧啶 0.0004 %+ 乙胺嘧啶 0.00004 % 混饲，一周后改用预防量；克球多，按 0.025 % 连续，混饲；氯苯胍，按 0.0066 % 混饲 3 天后，改用预防量。

第四节　鸡绦虫病

鸡绦虫病主要是由四角赖利绦虫、棘沟赖利绦虫和有轮赖利绦虫寄生于小肠内所引起的疾病。多见于放养或地面平养的鸡群。各种年龄的鸡均可感染，但 17 ~ 40 日龄的鸡易感性强。本病传播中需蚂蚁、蝇类和甲虫等作为中间宿主。

一、症　状

赖利绦虫为大型虫体（图 6-17），大量感染时虫体积聚成团，导致肠阻塞，甚至肠破裂而引起腹膜炎；其代谢产物被吸收后可引起中毒反应，出现神经症状。临床常见粪便稀薄且有黏液，食欲降低，渴饮增加，迅速消瘦，精神沉郁，两翅下垂，头和颈扭曲，蛋鸡产蛋量明显下降或停产，最后极度衰竭而死亡。

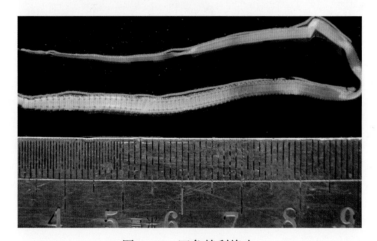

图 6-17　四角赖利绦虫

二、病　变

病死鸡剖检可见肠黏膜增厚，出血，肠腔内含有大量黏液，恶臭。棘沟赖利绦虫寄生时在十二指肠壁上有结核样结节。肠黏膜上附着虫体。

三、诊　断

根据鸡群的临床症状，粪便查见虫卵或节片，或剖检病鸡发现病变与大量虫体即可做出诊断。感染的赖利绦虫种类可依据虫体头节上的吸盘或顶突予以鉴别（图 6-18）。

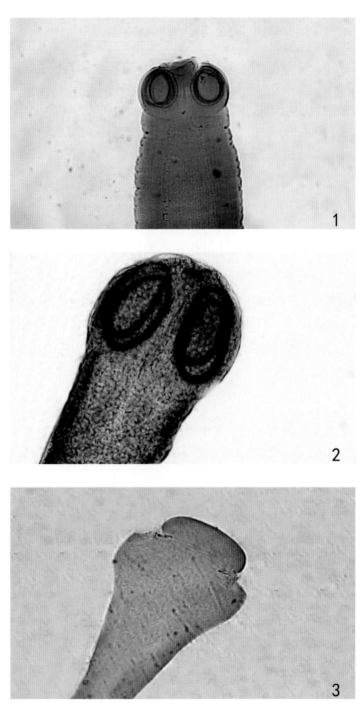

图 6-18　赖利绦虫头节（×40）
1. 棘沟赖利绦虫；2. 四角赖利绦虫；3. 有轮赖利绦虫

四、预防与控制

1. 定期杀灭鸡舍内外的蚂蚁和其他昆虫；幼年鸡与成年鸡分开饲养，定期驱虫；保持鸡舍和运动场干燥，及时清除粪便并无害化处理

2. 治疗或预防性驱虫可选用药物

硫双二氯酚 100～200 毫克 / 千克体重，一次口服；丙硫咪唑 15～20 毫克 / 千克体重，一次口服；氯硝柳胺 50～60 毫克 / 千克体重，一次口服；吡喹酮 10～15 毫克 / 千克体重，一次口服。

第五节　线虫病

鸡线虫病的常见病原有蛔虫、异刺线虫、小钩锐形线虫、旋锐形线虫、有轮毛细线虫和膨尾毛细线虫等，其中，又以蛔虫最常见。3～4 月龄鸡对本病易感，在地面饲养的情况下，常感染严重，影响鸡的生长发育，甚至引起大批死亡。

一、症　状

幼鸡常表现为生长发育不良，精神委顿，鸡冠苍白，贫血，下痢和便秘交替，有时粪中有带血黏液，甚至死亡。成年鸡多属轻度感染，不表现症状，但产蛋量下降。

二、病　变

鸡蛔虫寄生于小肠，其幼虫侵入肠壁，形成粟粒大的寄生虫性结节，引起肠黏膜水肿、充血、出血等，甚至发生萎缩和变性。大量成虫积聚于肠道，引起肠道阻塞、破裂和腹膜炎。

鸡异刺线虫寄生于盲肠，引起盲肠肿大，肠壁发炎，增厚，间或有溃疡，肠腔内可见白色针状虫体。

小钩锐形线虫寄生于鸡肌胃角质层下，引起胃黏膜的出血性炎症，肌层形成干酪性或脓性结节，严重时肌胃破裂。

旋锐形线虫寄生于鸡腺胃黏膜，引起腺胃肿大 2 ~ 3 倍，黏膜显著肥厚，充血或出血，形成菜花样的溃疡病灶，聚集的虫体以前端深埋在溃疡中，不易从黏膜上分离（图 6-19）。

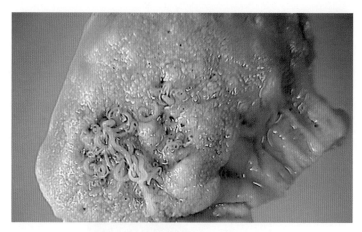

图 6-19　旋锐形线虫引起的病变

有轮毛细线虫寄生于鸡嗉囊和食道，引起食道和嗉囊出血；膨尾毛细线虫寄生于鸡小肠，引起出血性肠炎，黏膜肿胀、溶解、脱落和坏死。

三、诊　断

1. 生前诊断可采用漂浮法粪检虫卵

鸡蛔虫卵与鸡异刺线虫卵相似，应注意区别（图 6-20）。

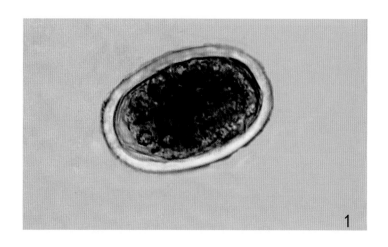

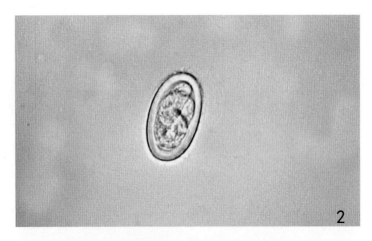

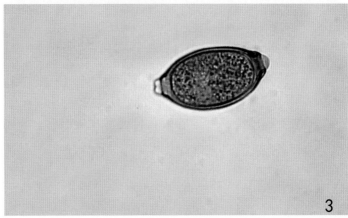

图 6-20　鸡线虫虫卵（×400）1.鸡蛔虫卵；2.锐形线虫卵；3.毛细线虫卵

2. 死后剖检，发现虫体（图 6-21 至图 6-26）和相应病变做出诊断

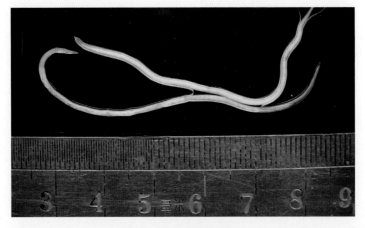

图 6-21　鸡蛔虫雌虫

图 6-22　小钩锐形线虫

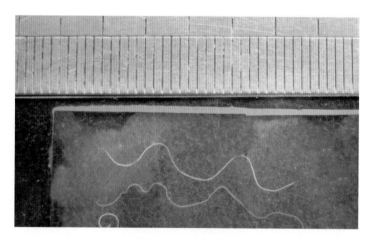

图 6-23　毛细线虫

图 6-24　鸡导刺线虫

图 6-25　旋锐形线虫

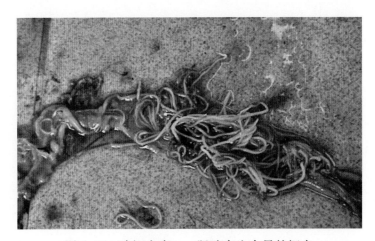

图 6-26　鸡蛔虫病——肠腔寄生大量的蛔虫

四、预防与控制

1. 加强饲养管理

成年鸡与雏鸡应分开饲养，防止雏鸡感染；鸡舍和运动场的粪便应及时清扫，并作堆积发酵处理；出现病鸡应及时隔离治疗，并对整个群鸡作预防性驱虫。

2. 治疗或预防性驱虫可选用药物

左咪唑 20 毫克 / 千克体重，一次口服；丙硫咪唑 25 毫克 / 千克体重，一次口服；甲苯咪唑 30 ~ 100 毫克 / 千克体重，一次口服；丙氧咪唑 40 毫克 / 千克体重，一次口服；驱蛔灵（枸橼酸哌嗪）150 ~ 200 毫克 / 千克体重，一次口服。

第六节　皮刺螨病

皮刺螨病是鸡的一种外寄生虫病。雌螨白天藏于隐蔽处,夜间出来叮咬宿主吸血。螨严重侵袭时,可使鸡日渐消瘦、贫血,产蛋量下降。

一、症状与病变

病鸡消瘦、贫血,产蛋量下降,皮肤时而出现小的红疹,大量侵袭幼雏可引起死亡。

二、诊　断

鸡皮刺螨呈长椭圆形,后部略宽,吸饱血后虫体由灰白色转为红色,体表密布细毛和细皱纹（图 6-27）。在鸡体或鸡舍查见虫体后确诊（图 6-28）。

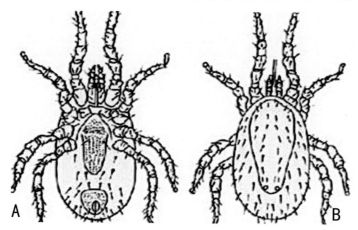

图 6-27　鸡皮刺螨 A.腹面；B.背面

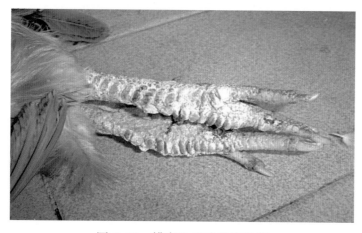

图 6-28　螨寄生于鸡的脚爪部

三、预防与控制

应保持鸡舍的清洁卫生，定期清理粪便，进行无害化处理。定期使用杀螨剂，消灭鸡舍内与鸡体上的螨。可以0.005％溴氰菊酯或0.006％杀灭菊酯喷洒鸡体、鸡舍、栖架，或以溴氰菊酯以高压喷雾喷湿鸡体体表进行杀虫，同时用1毫克/千克的阿维菌素预混剂拌料饲喂，每周2次，至少连用2周。更换垫料并烧毁。

第七章 营养代谢疾病和中毒性疾病

第一节 维生素缺乏症

维生素是机体维持正常生理功能而必须从饲料中获取的一类微量有机物质。维生素缺乏症的原因可能有下列几种：饲料中维生素供应不足，导致摄入不足；消化系统疾病导致维生素吸收和利用降低；产蛋期对维生素的需要量相对增高；不合理使用抗生素导致对维生素的需要量增加。

一、症　状

1. 维生素 A 缺乏症

鸡生长发育受阻、腹泻、流鼻液、嗜睡、步态不稳和羽毛蓬乱，眼眶水肿且眼睑内有干酪状物，最终出现头肿、失明。产蛋鸡的产蛋率下降；种蛋的孵化率下降，蛋内血斑的发生率和严重程度增加。

2. 维生素 B_1 缺乏症

雏鸡的头向后仰，呈"观星"姿势。成年鸡表现为厌食、体重减轻、羽毛蓬乱、腿无力、鸡冠呈蓝紫色。

3. 维生素 B_2 缺乏症

雏鸡生长缓慢、消瘦、脚趾向内弯曲，严重时借助翅膀和跗关节走动（图7-1）。蛋鸡在育成期的症状不明显，严重的可能会出现瘫痪和劈叉姿势（图7-2）；产蛋期产蛋率下降。种蛋在孵化过程胚胎发育缓慢，胚体矮小，胚胎死亡率增加。

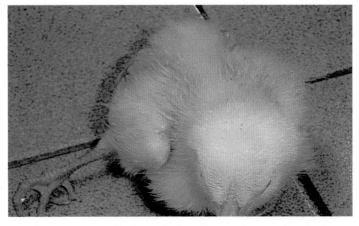

图 7-1　病鸡脚趾向内弯曲，借助翅膀和跗关节走动

图 7-2　病鸡呈劈叉姿势

4. 维生素 D 缺乏症

雏鸡长期缺乏维生素 D 会造成钙磷代谢障碍，表现为严重的佝偻病。长骨易碎或弯曲，喙和爪变软，行走不稳。

蛋鸡的维生素 D 缺乏症和钙磷代谢障碍常见于产蛋初期和高峰期，出现无壳蛋、薄壳蛋、软壳蛋，产蛋量也会出现明显下降。腿肌无力，呈蹲坐姿势，喙、爪易弯曲。有些笼养鸡产蛋时易发生低钙血症，出现瘫痪、死亡，即"笼养蛋鸡猝死症"。

5. 维生素 E 缺乏症

多发生于雏鸡，表现渗出性素质和神经症状。病初精神不振，食欲缺乏，羽毛蓬乱，头、颈、胸、腹部及大腿内侧出现水肿，消瘦、贫血，衰竭而死。有些雏鸡的腿痉挛，全身战栗，头向后或向侧弯曲，呈角弓反张，每次发作持续 1~2 分钟。

产蛋鸡的产蛋率下降，种蛋孵化率显著降低。

二、病　变

1. 维生素 A 缺乏症

病变最先出现在咽部的黏液腺及其导管，上皮细胞角质化，堵塞了黏液腺导管，从而引起导管扩张并充满分泌物和坏死物，鼻黏膜可见鳞片状组织变性，在鼻腔、口腔、食管和咽部可见白色小脓包，并波及嗉囊（图 7-3）。严重者肾脏呈灰白色，有尿酸盐沉积，甚至会导致内脏型痛风（图 7-4 至图 7-7）。

2. 维生素 B_1 缺乏症

皮肤广泛性水肿，成年鸡的卵巢出现萎缩，心脏轻度萎缩，但右心可能扩张。

3. 维生素 B_2 缺乏症

雏鸡表现出坐骨神经和臂神经明显肿胀。产蛋鸡易出现肝脏脂肪变性。

图 7-3　食管和咽部可见白色小脓包

图 7-4　病鸡肝脏表面有大量白色尿酸盐沉积

图 7-5　病鸡肠道浆膜面有大量白色尿酸盐沉积

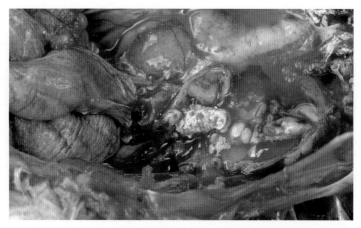

图 7-6　切开输尿管后可见大量尿酸盐结晶

图 7-7　病鸡关节腔内有尿酸盐沉积

4. 维生素 D 缺乏症

雏鸡肋骨与脊柱的连接处有明显的串珠样结节，而且骨软易碎。产蛋鸡的龙骨弯曲，输卵管内有无法排出的鸡蛋。

5. 维生素 E 缺乏症

颈下、胸部、大腿内侧皮下呈淡蓝绿色外现，切开皮肤流出胶冻样物或有纤维凝固物，皮下、胸肌和腿肌有出血。脑膜水肿，表面有小出血点，小脑柔软。

三、诊　断

本病主要根据流行病学、症状和病理变化进行综合分析和诊断，也可根据治疗效果进行辅助诊断。

四、预防与控制

1. 加强饲养管理

饲料中维生素的添加量，既要考虑到鸡的不同生长阶段需要，又要考虑到饲料在加工、运输、贮藏中可能的损失。维生素 A、B 族维生素在过热、强光的环境中极易被破坏，所以在高温季节要额外补充。对于笼养鸡，要有足够的光照，日粮中钙、磷和维生素 D 比例要适当。

2. 发病鸡群可在饲料中添加治疗剂量的相应维生素

维生素 A 的剂量为每千克饲料 5000 单位，B 族维生素的剂量为每千克饲料 2 ~ 4 毫克，维生素 D_3 的剂量为每千克体重用 15000 国际单位，维生素 E 的剂量为每千克饲料 20 ~ 25 毫克。

3. 长期使用抗菌药物，一定要要补充 B 族维生素

第二节 脂肪肝综合征

脂肪肝综合征或称脂肪肝出血综合征，指产蛋鸡长期采食高能量饲料，或饲料中胆碱、蛋氨酸不足使得脂肪贮积在肝内无法外运，导致肝脏内沉积大量脂肪、肝脏破裂而引起出血和死亡。高温、通风不良和密度过大等因素可促使本病发生。

一、症　状

本病多发生于笼养产蛋母鸡，公鸡极少发生。病鸡肥胖，体重可超过正常 25% 以上。产蛋率下降为 30% ~ 40%。鸡冠及肉髯色淡，甚至发绀，继而变黄、萎缩。当拥挤、驱赶、捕捉而引起强烈挣扎时，或在产蛋时腹压上升造成肝脏破裂而突然死亡。

二、病　变

皮下、腹腔内有大量的脂肪蓄积，肝脏肿大呈黄色、易碎。肝脏破裂，腹腔内有大量的凝血块（图 7–8、图 7–9）。

图 7-8　肝脏破裂，腹腔内有凝血块

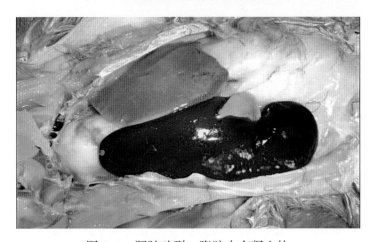

图 7-9　肝脏破裂，腹腔内有凝血块

三、诊　断

本病主要根据流行病学、典型临床症状和病理变化进行综合分析和诊断。

四、预防与控制

1. 加强饲养管理，控制饲料中高能量物质的比例

严格按照蛋鸡饲料标准配方，保证饲料中粗纤维和胆碱的供给。饲料中增加蛋白质、肌醇和硒的供给，有利于减少疾病发生。

2. 发病鸡群的饲料中适量添加氯化胆碱和维生素

每吨饲料中供给 1 千克氯化胆碱、复合维生素 B 100 克和维生素 E 50～100 克，连用 3 周。

第三节　霉菌毒素中毒

霉菌毒素中毒是由于采食被霉菌毒素污染的饲料所引起的急性或亚急性疾病。作为鸡饲料的玉米、黄豆、花生、棉籽等作物及其副产品受霉菌毒素污染的情况较为普遍，因此，鸡的霉菌毒素中毒时有发生。临床上以消化机能障碍，全身出血和肝脏、神经机能紊乱为特征。长期摄入黄曲霉毒素，还有致癌作用。

一、症　状

1. 黄曲霉毒素中毒

雏鸡对黄曲霉毒素的敏感性较高，在 2～4 周龄最易发生，表现为食欲不振，精神沉郁，尖叫，贫血，腹泻，粪便中带有血液，多呈急性经过，死亡率很高。成年鸡的耐受性较强，急性中毒与雏鸡相似；慢性中毒表现食欲减退，消瘦，消化机能紊乱，逐渐表现出贫血、出血，瘫痪，有的出现神经症状，死亡率增加，产蛋减少，病程长的可诱发肝癌。

2. 赤霉菌毒素中毒

赤霉菌毒素主要有玉米赤霉烯酮（又称 F-2 毒素）和单端孢菌毒素（T-2），玉米最易产生 F-2 毒素。产蛋鸡 F-2 毒素中毒表现为输卵管扩张和泄殖腔外翻等雌性激素过多症。雏鸡 T-2 毒素中毒表现精神沉郁，羽毛松乱，消瘦，贫血，严重者卧地不起，有的头颈向后弯曲，呈现佝偻病特征。产蛋鸡 T-2 毒素中毒初期出现采食量减少，随后产蛋率迅速下降，蛋壳变薄；严重的病鸡精神沉郁，躺卧，拒食，鸡冠和肉垂发紫，有的口腔黏膜有黄痂，痂皮下黏膜溃疡，甚至发生闭口困难。

二、病　变

1. 黄曲霉毒素中毒

黄曲霉毒素急性中毒的鸡剖可见肝脏肿大且呈黄色，广泛性出血和坏死（图7-10）。慢性中毒时剖检可见肝脏质地坚硬，色棕黄，表面粗糙呈颗粒状，或呈结节性肝硬化。

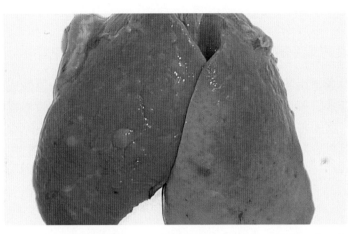

图 7–10　黄曲霉素中毒——病死雏鸡肝脏肿大、硬化，表面粗糙

2. 赤霉菌毒素中毒

F–2 毒素中毒病理变化不明显。T–2 毒素中毒的病死鸡消化道广泛性的溃疡，口腔黏膜坏死、溃疡和表面附着白色的假膜，嗉囊黏膜、食道及腺胃出现溃疡和炎症，肌胃壁增厚和粗糙。肝脏肿大、黄染呈斑驳状，质脆易碎。肠道黏膜弥漫性充血、出血，脾脏、法氏囊严重萎缩。肾脏肿胀，输尿管内有尿酸盐沉积。T–2 毒素中毒的蛋鸡卵巢和输卵管萎缩。

三、诊　断

根据病史和饲料样品的检查，结合发病鸡的临床症状和病变可作出初步诊断。确诊必须对可疑饲料进行产毒霉菌的分离培养及测定饲料中霉菌毒素。

四、预防与防制

1. 严格把关饲料原料的质量，饲料加工、贮存过程中应注意防霉；严重霉变的饲料应废弃

2. 对于轻度霉变的饲料和原料，应进行脱毒处理

常用的方法有以下几种：一是通过剔除、水洗、加热、紫外线照射、吸附等物理方法降低毒素含量；二是可用化学方法去毒，如用 2% 的盐水浸泡去除赤霉菌毒素，用氨破坏黄曲霉毒素 B_1；三是采用微生物方法去毒，例如，某些乳酸菌（丙酸杆菌、双歧杆菌等）的细胞壁可以结合霉菌毒素，用不产毒素的菌株竞争抑制产毒菌株；四是在饲料中添加充足的蛋氨酸、硒和胡萝卜素等，可降低黄曲霉毒素的毒性作用。

3. 霉菌毒素中毒后无特效解毒药物

治疗原则是一般解毒和对症治疗。发现中毒后立即停止饲喂被污染的饲料，在饮水中加入高渗葡萄糖溶液和维生素 B_1 以增强肝脏解毒机能。

第四节　药物中毒

任何药物均存在一定的毒副作用，特别是重复添加和长期使用的累积效应，会造成急性或慢性药物中毒。

一、抗球虫药中毒

抗球虫药中毒以食欲降低、腹泻和运动障碍为特征。莫能菌素作为饲料添加剂用于防治雏鸡的球虫，每吨饲料添加此药 90 ~ 110 克，产蛋期禁用。盐霉素的理化性质与莫能菌素相似，每吨饲料添加此药 60 克，休药期 5 天。马杜霉素抗球虫谱广，每吨饲料添加 5 克，休药期 5 ~ 7 天，产蛋期禁用。马杜霉素安全范围很窄，每吨饲料添加此药 6 克，对生长有明显的抑制作用，也影响饲料报酬，每吨饲料添加此药 7 克，即可引起鸡不同程度的中毒。

二、抗菌药物中毒

家禽对磺胺类药物比较敏感，中毒量与治疗量很接近。饮水减少或腹泻引起的脱水，可增加中毒的可能性，特别是在高温环境和闷热的圈舍中水消耗增加时更常见。家禽饲料中添加 0.3% ~ 0.5% 磺胺类药物，连续饲喂 5 ~ 8 天即可中毒。磺胺药中毒以皮肤、肌肉和内脏器官出血为特征。

氟喹诺酮类药物引起的中毒以中枢神经机能紊乱、肾脏损伤为特征（图 7-11）。目前，应用于临床的氟喹诺酮类药物品种繁多，常用的有诺氟沙星（氟哌酸）、氧氟沙星、环丙沙星、恩诺沙星、沙拉沙星、洛美沙星等。

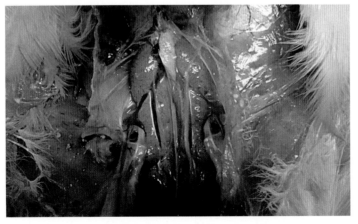

图 7-11　氟喹诺酮类药物中毒引起的肾脏损伤

主要参考文献

[1] 田文霞 . 兽医防疫消毒技术 [M]. 北京：中国农业出版社，2007.

[2] 张振兴，姜平 . 兽医消毒学 [M]. 北京：中国农业出版社，2010.

[3] 陈溥言 . 兽医传染病学 [M]. 第 5 版 . 北京：中国农业出版社，2006.

[4] Y.M. 塞夫 . 禽病学 [M]. 第 12 版 . 苏敬良，高福，索勋，等译 . 北京：中国农业出版社，2011.

[5] FraserCM. 默克兽医手册 [M]. 第 7 版 . 韩谦，等译 . 北京：北京农业大学出版社，1997.

[6] 郑明球，蔡宝祥 . 动物传染病诊治彩色图谱 [M]. 北京：中国农业出版社，2001.

[7] 吕荣修 . 禽病诊断彩色图谱 [M]. 郭玉璞，修订 . 北京：中国农业大学出版社，2004.

[8] 崔治中 . 兽医全攻略：鸡病 [M]. 北京：中国农业出版社，2009.

[9] 崔治中 . 禽病诊治彩色图谱 [M]. 第 2 版 . 北京：中国农业出版社，2010.

[10] 崔治中 . 中国鸡群病毒性肿瘤病及防控研究 [M]. 北京：中国农业出版社，2012.

[11] 崔治中，金宁一 . 动物疫病诊断与防控彩色图谱 [M]. 北京：中国农业出版社，2013.

[12] 陈怀涛 . 动物疾病诊断诊断病理学 [M]. 第 2 版 . 北京：中国农业出版社，2012.

[13] 孔繁瑶 . 家畜寄生虫学 [M]. 第 2 版 . 北京：中国农业大学出版社，2011.

[14] 沈建忠，谢联金 . 兽医药理学 [M]. 北京：中国农业大学出版社，2000.

[15] 朱模忠 . 兽药手册 [M]. 北京：化学工业出版社，2002.